华章科技　HZBOOKS | Science & Technology

云计算与虚拟化技术丛书

Building Serverless Architectures

Serverless架构

［土耳其］卡格特·古尔图克（Cagatay Gurturk） 著
周翀 栾云杰 姜明魁 译

机械工业出版社
China Machine Press

图书在版编目（CIP）数据

Serverless 架构 /（土）卡格特·古尔图克（Cagatay Gurturk）著；周翀，栾云杰，姜明魁译 . —北京：机械工业出版社，2018.4

（云计算与虚拟化技术丛书）

书名原文：Building Serverless Architectures

ISBN 978-7-111-59390-4

I. S… II. ①卡… ②周… ③栾… ④姜… III. 移动终端 – 应用程序 – 程序设计 IV. TN929.53

中国版本图书馆 CIP 数据核字（2018）第 049605 号

本书版权登记号：图字　01-2017-7501

Cagatay Gurturk: *Building Serverless Architectures* (ISBN: 978-1-78712-919-1).

Copyright © 2017 Packt Publishing. First published in the English language under the title "Building Serverless Architectures".

All rights reserved.

Chinese simplified language edition published by China Machine Press.

Copyright © 2018 by China Machine Press.

本书中文简体字版由 Packt Publishing 授权机械工业出版社独家出版。未经出版者书面许可，不得以任何方式复制或抄袭本书内容。

Serverless 架构

出版发行：	机械工业出版社（北京市西城区百万庄大街 22 号　邮政编码：100037）		
责任编辑：	缪　杰	责任校对：	李秋荣
印　　刷：	三河市宏图印务有限公司	版　　次：	2018 年 4 月第 1 版第 1 次印刷
开　　本：	186mm×240mm　1/16	印　　张：	13.5
书　　号：	ISBN 978-7-111-59390-4	定　　价：	59.00 元

凡购本书，如有缺页、倒页、脱页，由本社发行部调换
客服热线：（010）88379426　88361066　　　　　投稿热线：（010）88379604
购书热线：（010）68326294　88379649　68995259　读者信箱：hzit@hzbook.com

版权所有 • 侵权必究
封底无防伪标均为盗版
本书法律顾问：北京大成律师事务所　韩光 / 邹晓东

About the Author 作者简介

Cagatay Gurturk 是一名软件工程师、互联网企业家和云爱好者。

在伊斯坦布尔科技大学完成学业后,他在花园城市大学继续学习取得计算机工程硕士学位。2004 年,在大学一年级期间,他与人共同创立的 Instela 迅速成为土耳其最著名的互联网平台之一,每月有数百万的访问者。作为 Instela 的技术联合创始人,他积累了运行大规模网络平台的经验,并步入云计算领域。

作为互联网企业家在伊斯坦布尔和巴塞罗那工作多年之后,他继续在多家公司任职,发布了运行在云架构上的软件,尤其是在 AWS 上运行的软件。他还编写了一些与 AWS 相关的开源项目。

他目前在 eBay 工作,担任软件开发经理,并且获得了 AWS 解决方案架构师的认证。

我要感谢那些在编写本书时帮助和支持我的人,感谢那些读、写评论的人,以及帮助我编辑、校对和设计本书的人。

感谢 Martin Lindenburg,他逐行审阅本书,使本书锦上添花。

感谢 Stefano Langenbacher 鼓励我从事与 AWS 相关的工作,以及他对无服务器计算的深信不疑。

感谢 Kaja 所给予我耐心的支持。

最后,要感谢所有激励我完成本书的人。

审校者简介 About the Reviewer

Martin Lindenburg 出生于 1982 年，是一名软件工程师。他在柏林以北约 100 公里的农村地区长大。他对计算机和技术的兴趣源于年轻时他兄弟的 Commodore64。后来他用自己所有的零花钱买了自己的第一台 386 电脑，并用它开发了第一个 Basic 和 Turbo Pascal 程序来可视化和完成数学作业。随着兴趣的增长，几年后他终于如愿地在柏林学习了计算机工程。

他做软件工程师已经十多年了，曾在电信集团德国电信公司、金融门户网站 Wallstreet-Online AG 以及广告网络联盟 ADCELL 工作。他为可扩展动态页面创建独立应用，有数百个用户登录页面，每天有数万次页面浏览和跟踪，并在这过程中积累了大量经验。

目前，他在 Home24 担任高级软件工程师，主要参与无服务器架构及微服务与 AWS 的集成。

同时，他积极地为开源框架 serverless.com 贡献力量，创建开放源代码的无服务器插件。

感谢 Cagatay Gurturk 让我审校他的书，特别感谢我的妻子 Maria 以及我的两个孩子 Samuel 和 Simon，在我审校新章节的晚上，感谢他们对我的包容。

The Translator's Words 译 者 序

云计算（Cloud Computing）的概念最早出现在康柏电脑公司（Compaq）的内部文档中，时间可以追溯到20世纪90年代晚期。但是直到大约10年后的2006年，伴随着亚马逊公司推出"弹性计算云"产品（Amazon Elastic Compute Cloud）之后，云计算才开始发展成为时下流行的IT前沿技术之一。

本书所讲解的"无服务器计算"（Serverless Computing）是云计算概念在现实世界中的一种实践形式，它以一种新颖的方式向使用者提供计算服务。简单来说，这种服务不再需要使用者事先估算并订购计算资源，而是由云平台提供商根据应用程序的行为，自动分析和分配计算资源，并且按照实际资源使用量计费。这样一来，使用者既不必担心因为计算资源预估不足而降低软件的运行效率，也不必担心因为实际资源使用量小于预期而浪费资金。

总之，随着越来越多的应用程序开始依赖云计算平台来实现后端服务，"无服务器计算"架构必将因其更低廉的管理成本和更合理的计费方式而成为时代的新宠。

本书是一本面向云计算应用程序开发者的入门书籍。它以实际动手操作为主题，以开发一个真正的云计算应用程序为线索，循序渐进地学习基于"无服务器计算"架构的软件研发。读者将在阅读的过程中将知识点切实融合到实践当中，顺利且迅速地开启云计算的大门。

虽然本书面向初学者，但其中所使用的构建和部署工具、编程方法和应用程序框架都已在企业级研发当中被广泛认可和采用。因此这些包含了先进技术的学习内容确保读者能够跟上现代应用软件工业高速发展的步伐。

前　言 Preface

近几年，无论是初创企业还是超大企业，为了节省成本、减少正常营业所需的运营工作，都开始把业务向公有云平台迁移。企业可以根据需要采取不同的迁移策略。有的企业仅借用公有云平台宿主机，而保留了之前部署的软件架构。而另一些企业则做了根本性的变革，不限于仅使用公有云的虚拟机，而是借用了公有云上提供的云服务，进而改变了原有的部门结构，引入了DevOps最佳实践。这种改变打开了软件产业的变革之门，可以确定地说，引入了云计算，这个世界和以往不一样了。

自AWS Lambda于2014年推出以来，引入了一种新的软件开发方法。在不需要预先设置基础架构基础上，Lambda可以运行响应外部或者内部云事件的代码段。它带来了真正的、可管控的和按使用次数付费的基础架构模型。在短时间内，"无服务器计算"术语被创造出来，微软、谷歌，甚至IBM以开源的方式采用了同样的模式。使用Lambda函数，现在甚至可以制作一个复杂的软件系统，它由许多独立的微函数组成这些函数只在需要的时候才运行，并且不用维护单独的服务器。Lambda函数现在可以支持大量本地云服务，这样就不再需要为常见需求构建定制解决方案，而且还降低了基础架构的运行和维护成本，同时也降低了软件开发成本。

本书的重点是设计无服务器架构，权衡这种方法的优缺点，以及需要考虑的几个决策因素。你将通过本书学习到如何设计无服务器应用程序，了解无服务器应用程序所依赖的服务的关键点，以及应用无服务器架构的已知问题和解决方案。在本书中，你不仅可以学习 AWS Lambda 函数，还可以看到如何通过 Lambda 函数将其他 AWS 服务黏合在一起。你将通过 CRUD 应用的例子，学到如何轻松构建可扩展的软件系统。

本书解决了关键难题，例如如何分解软件的核心功能，并把不同功能分散在不同的云服务和云函数中。它涵盖了这些服务的基本和高级用法，测试和保护无服务器软件，自动部署等。

在本书中，我们将只使用 Java 编程语言，并将构建一个自主开发的部署系统来轻松部署软件。

本书不打算对 AWS 生态系统做详尽的介绍，但我相信它将为你打开通往无服务器计算世界的大门。

本书主要内容

第 1 章介绍无服务器计算和 Lambda 函数，设置 AWS 账户和环境，并构建基础库。

第 2 章教你如何使用 CloudFormation 将基础架构定义为代码，启动并运行第一个 Lambda 函数。

第 3 章通过 AWS API 网关给互联网提供 Lambda 函数。

第 4 章实现和配置 Lambda 函数的依赖注入模式。

第 5 章使用 DynamoDB 以高度可扩展的方式来保存应用程序数据。

第 6 章利用 AWS 服务使 Lambda 函数能够将消息传递给彼此。

第 7 章使用 CloudSearch 构建完全托管的搜索基础架构，集成 Lambda 函数来更新搜索索引。

第 8 章设置自动健康状况检查、报警和触发器响应故障，并在安全网络环境中操作

Lambda。

附录以最小的工作量将你的 JAX-RS 应用程序迁移到 AWS Lambda 和 API 网关。

阅读须知

要运行本书中的所有代码,你只需要在计算机上安装 Java Development Kit。你必须创建一个 AWS 账户来操作这些步骤。AWS 为新客户提供了一个免费的层次,它将涵盖本书中运行示例的大部分成本。另一方面,一些服务(如 CloudSearch 和 VPC NAT 网关)不包含在免费层中。确保你访问本书中使用的每项服务的定价文档,以避免产生不必要的费用。

读者对象

本书适用于有意在无服务器环境中设计软件的开发人员和软件架构师。由于本书使用的编程语言是 Java,所以读者最好熟悉 Java 的基础知识和一般的约定。

下载示例代码

你可以登录 http://www.packtpub.com 下载本书的示例代码文件。如果你在其他地方购买了这本书,你可以访问 http://www.packtpub.com/support 网站并进行注册,我们会将文件直接发送给你。你可以按照以下步骤下载代码文件:

1)使用你的电子邮件地址和密码登录或注册 Packt 网站。
2)将鼠标指针悬停在顶部的"支持"(SUPPORT)选项卡上。
3)单击"代码下载和勘误表"(Code Download & Errta)。
4)在搜索(Search)框中输入图书的名称。
5)选择你要下载代码文件的书。
6)从你购书的下拉菜单中选择书名。
7)单击"代码下载"(Code Download)。

下载文件后，请确保使用最新版本解压缩软件解压：

- WinRAR/7-Zip（Windows 系统）
- Zipeg/iZip/UnRarX（Mac 系统）
- 7-Zip/PeaZip（Linux 系统）

本书所有代码由 GitHub 托管，可从以下链接获取：https://github.com/PacktPublishing/Building-Serverless-Architectures。其他图书或视频的代码获取地址为 https://github.com/Packt-Publishing/。去看一下吧！

目　录

作者简介
审校者简介
译者序
前　言

第 1 章　Serverless 起步 ……………… 1
1.1　准备开发环境 ……………………… 8
1.2　Gradle …………………………… 11
1.2.1　创建项目 ……………………… 11
1.2.2　实现 Lambda 依赖 …………… 14
1.2.3　你好 Lambda ………………… 19
1.2.4　部署到云端 …………………… 22
1.3　总结 ……………………………… 24
1.4　参考文献 ………………………… 25

第 2 章　基础架构即代码 ……………… 27
2.1　向云端上传程序包 ………………… 28
2.2　用 CloudFormation 实现基础架构即代码 ……………………… 32
2.3　用 CloudFormation 部署第一个 AWS Lambda 函数 ……………… 34
2.4　总结 ……………………………… 44

第 3 章　你好，互联网 ………………… 45
3.1　设置 API 网关 …………………… 46
3.1.1　创建 API …………………… 48
3.1.2　创建资源 …………………… 49
3.1.3　创建方法 …………………… 50
3.1.4　配置 Lambda 权限 …………… 53
3.1.5　部署 API …………………… 54
3.2　设置 CloudFront 的 CDN 分布 … 58
3.2.1　设置自定义域 ………………… 62
3.2.2　创建 SSL 安全证书 …………… 64
3.2.3　为 API 调用授权 ……………… 66
3.2.4　实现简单授权程序 …………… 67

3.3 总结 ································· 75

第 4 章 企业模式实践 ············· 77
4.1 创建用户管理服务 ············· 79
4.2 配置 Guice 框架 ················ 81
4.3 使用依赖注入编写 Lambda 处理程序类 ························· 82
4.4 增加日志功能 ···················· 84
4.5 服务的依赖关系 ················ 86
4.6 总结 ································· 89

第 5 章 数据持久化 ················ 91
5.1 DynamoDB 介绍 ················ 91
5.2 创建第一张表 ···················· 93
　5.2.1 创建第二张访问令牌的表 ······················· 95
　5.2.2 配置 DynamoDB 数据映射器 ···················· 97
　5.2.3 配置 Lambda 环境变量 ··· 98
　5.2.4 用户注册 ···················· 105
　5.2.5 创建用户注册 Lambda ······ 114
　5.2.6 为用户注册创建 Lambda 和 API 网关 ················ 117
5.3 总结 ································· 120

第 6 章 创建配套服务 ············ 123
6.1 构建 Lambda 函数的架构 ······ 124
6.2 让用户上传头像图片到 S3 云存储桶中 ························ 127

6.2.1 修改 Lambda 函数响应 S3 事件 ·························· 132
6.2.2 配置 CloudFront 以调整图片大小 ···················· 133
6.2.3 练习 ·························· 135
6.3 通过 SES 发送电子邮件 ······ 135
　6.3.1 配置 SES ···················· 136
　6.3.2 用户注册时发送 SNS 通知 ··· 137
6.4 使用 SNS 消息和发送电子邮件 ································· 141
6.5 总结 ································ 147

第 7 章 数据搜索 ···················· 149
7.1 创建搜索域 ······················ 150
7.2 上传测试数据 ···················· 154
7.3 创建 suggester ··················· 156
7.4 为建议创建 API 端点 ········· 157
7.5 更新搜索数据的 Lambda 函数 ··· 160
　7.5.1 修改欢迎邮件发送者 Lambda ······················ 161
　7.5.2 创建 Lambda 函数更新 CloudSearch ··············· 163
　7.5.3 使用 CloudFormation 创建及配置 Lambda 函数 ··· 166
7.6 总结 ································ 167

第 8 章 监测、日志与安全 ········ 169
8.1 建立一个 Route 53 健康检查 ··· 170
　8.1.1 开始创建 ···················· 170

8.1.2 配置电子邮件通知的健康检查 …… 172
8.1.3 为健康检查开通短信通知 …… 173
8.1.4 使健康检查进入健康状态 …… 174
8.1.5 掌握 CloudWatch 警报 …… 174
8.1.6 配置高级 CloudWatch 警报 …… 176
8.2 使用 CloudFormation 完成 …… 178
8.3 根据应用程序日志创建 CloudWatch 监控指标 …… 180
8.4 在 VPC 中运行 Lambda 函数 …… 183
 8.4.1 创建 VPC …… 184
 8.4.2 添加私有子网 …… 185
 8.4.3 处理出入流量 …… 191
 8.4.4 创建安全组 …… 195
8.5 总结 …… 197

附录 Lambda 框架 …… 199

第 1 章　Chapter 1

Serverless 起步

在你翻开这本书时，一定已经多次听说过 Serverless 一词。像所有其他时髦用语一样，人们对 Serverless 有着五花八门的定义。在我眼中，Serverless 是一种全新的软件开发方式。该方法将具体的基础架构抽象成为一个个功能，从而帮助开发者集中精力实现业务逻辑。

21 世纪第一个十年的后期，我和团队在开发一个线上购物网站项目。开发过程中，来自基础架构的各种技术限制曾给团队的工作带来了无尽的烦恼。该网站项目叫作 Instela，始于大学时期的业余爱好。最初日均访问量在几百人左右，后来迅速增长至几千人。网站部署在一个共享服务器上。由于它无时无刻都在蚕食着几乎所有的 CPU 资源，所以服务器提供商单方面就决定关停了我们的网站。当时本地的水管工和咖啡馆都有自己的在线服务，而我们的购物网站在网络世界中却无家可归。我们别无选择，匆忙之间只得购买了一台廉价的台式机当作第一个私有服务器，并马上使网站重新上线。然而，好景不长，与日俱增的访问量很快就令那台可怜的 ATX 服务器因为过热保护而每天自动重启数次。这迫使我们购买第一台属于自己的 DELL PowerEdge 服务器主机。在 2005 年，这台机器简直就像一座太空堡垒。起初一切都变得棒极了。但是随着访问量持续上升，网站的反应速度再次变得越来越慢。准确地说，网站的反应有时候仍然很敏捷，而有时却像一罐黏稠的糖浆。主要原因是，有时一些热门内容吸引成千的访问者蜂拥而至，而在一个冷门时段最多又只有百人同时在线。数据中心也面临着相同的访问量波动，然而，存储服务提供商却很开心地向我们收取固定的费用。此外，每当网站需要添置新服务器时，我们不得不花费将近一周时间去找当地经销商订货，等待送货，安装操作系统和网络模块。一旦哪台机器出现硬件故障，我们只能耐心等待技术人员上门维修，并让网站在缺少一个服务器的情况下艰难地工作。那个时候运行网站就是这么个令人痛苦的工作，没有更好的办法。

虽然虚拟服务器技术在 21 世纪第一个十年的早期便已出现，但直到 2006 年亚马逊发布 AWS EC2 才算是有了真正意义上的云计算。该项服务刚发布时，由于其功能极其有限，很多企业并不认为可以将它用于生产环境。

如今对于大多数公司来说，这个故事只是一个痛苦的回忆。公有云能够以它们规模庞大的计算集群向用户提供专属的计算能力。云计算带来的众多新概念极大地改变了软件开发和部署的模式。人们不必再操心去配置和维护从 NFS 挂载的 SAN（存储区域网络）。S3、Azure Blog Storage 或谷歌云存储都可以向用户提供精确而可靠的存储服务，无需监控剩余空间，也不再需要维修故障设备。在 SLA（服务等级协议）的框架内，用户可以总是相信存储引擎在那里正常运转（AWS S3 可以保证 99.999 999 999% 的无故障率[1]）。AWS 云平台几乎提供一切常用服务：当用户需要类似于 RabbitMQ 的消息队列服务时，可以用 AWS Simple Queue Service 或者 Windows Azure Queue Service；当用户为了实现搜索功能而考虑部署 Elasticsearch 集群时，可以用托管的 CloudSearch。甚至当用户需要视频转码时，都能在 AWS 上找到现成的服务，人们只需要向云平台提交作业并收取结果即可。

到此我们已经谈论了云平台上一些适用于各种规模应用程序的基础支持服务。充分挖掘云平台提供商所提供的各种服务，使得我们没有必要像以往那样自行购买和架设服务器平台。这便是 Serverless 时代软件开发的典型一幕。这种类型的服务有时称作"后台即服务"，或者 BaaS。但是在拥有了上述这些服务的前提下，软件仍然需要运行在"虚拟机"上，即 AWS 和谷歌云平台的"实例"上，或者 Windows Azure

的"VM"上,因此我们仍然需要准备好部署了自己的应用程序的虚拟机镜像,启动虚拟机实例,并仔细设置自动伸缩规则(auto-scaling rule)以便优化运行成本。最后,更重要的一点是,不论这些虚拟机是否正在使用,它们总是按租赁时间来计费。

为了解决这个问题,云平台提供商向用户提供了另一种服务形式:"功能即服务",或称FaaS。虽然基于FaaS开发时,开发者仍然需要编写大部分业务逻辑程序,但这些程序将会部署到临时的托管容器中。仅当业务功能被调用时,容器才会进行实例化。例如,假设开发者需要编写一个功能,为输入的原始数据包产生压缩数据包。这个功能可以作为"输入数据包并输出压缩包的独立工作单元"部署于单独的容器内,托管于云平台。同时,功能的开发者只需关心对输入的数据进行压缩并提交压缩结果数据即可。最后,云平台会实现一套机制将该工作单元与特定事件相关联,从而使其在业务中发挥作用。比如,可以设置当有新文件通过某一应用程序添加到S3 Bucket(S3云存储桶)中时,自动执行前述的压缩工作单元。这样一来,每当有用户向该应用程序上传文件,云平台便会自动将文件压缩后再保存到云存储桶中。再如,也可以在API网关上部署一个工作单元将收到的HTTP请求转换为简单的JSON对象以方便后续处理,这样你便可轻松实现一个具备良好可伸缩性的互联网服务,并且只需在使用它时才付费。

如果你喜欢上述这些新颖而实用的概念,那么Serverless计算世界热烈欢迎你加入。

如果读者希望对Serverless计算进行更深入的理论学习,本书推荐Mike Robert的文章"Serverless Architectures"。该文章对Serverless计算的理论基础和优缺点进行了非常详细的阐述。在本章后面的参考文献中可以找到有关该文章的更多信息。

本书将带领读者使用Java语言和AWS Lambda建造一个中等规模的Serverless应用程序。尽管谷歌云平台和Windows Azure也提供了相似的功能,但在起草本书之时，AWS平台的成熟度最高，因此最终选择了基于AWS Lambda来编写本书。此外，本书使用Java语言不仅因为它的强大和流行，还因为Java在Serverless计算领域里一直被严重低估。这可能主要因为AWS在刚被推出时推荐使用JavaScript作为其应用开发语言，之后便成为一种业界流行趋势。但是其实AWS Lambda全面支持Java语言，并向开发者提供了一个全功能的Java虚拟机JVM 8。在本书中，我们还将学习使用十分常用的Java编程技术，例如依赖注入等，并会尝试利用面向对象的设计模式来开发云平台应用程序功能。不同于JavaScript，我们将使用Java来实现更加复杂的功能，并在Gradle的帮助下创建更优秀的构建系统。Gradle是一个类似Maven的构建系统，它允许开发者用基于Groovy的语言来创建非常复杂的构建脚本。

本书将以下面几个任务为线索展开Serverless之旅：

- 在AWS平台上建立一个全功能在线论坛。
- 使用Java 8语言编写程序，并使用谷歌的Guice作为依赖注入框架。
- 使用AWS CloudFormation部署应用程序，并编写小Gradle任务简化部署过程。同时Gradle也会帮助我们管理程序依赖关系。

> CloudFormation是一个有关云资源供给的AWS自动化工具，它允许开发者仅用一个JSON文件即可通过任何AWS账户来部署应用程序，而不再需要使用命令行或者AWS控制台。除了这个非常强大的工具之外，不建议使用任何其他工具来部署基于AWS的应用程序。CloudFormation还可以帮助开发者精确定义应用程序，以确保程序不论在哪里运行都拥有一致的行为特性。除了确保行为稳定性之外，该工具的另一个好处是允许开发者以代码的形式来定义基础架构，以便进一步使用版本管理工具来跟踪基础架构的开发。因此在本书的绝大部分章节中将不包含任何命令行和控制台的屏幕截图，只有CloudFormation的模板文件示例。

- 仅创建REST端点，并使用支持REST的测试工具进行测试，而不会试图创建前端，因为它不在本书范围之内。REST端点将使基于API网关，而对于后端服务，我们将编写独立的 Lambda 函数来响应云平台事件，例如 S3 事件。
- 使用 DynamoDB 作为数据层，并将静态文件将存储于 AWS S3。
- 使用 AWS CloudSearch 实现搜索功能。一些后端服务也会使用 SQS（简单队列服务）和 SNS（简单通告服务）。
- 虽然读者可以使用任何喜欢的 IDE，但是本书中将通过命令行输入 Gradle 命令来管理和构建项目，以便确保本书内容不依赖具体的 IDE。

如果读者还不太熟悉 AWS 生态系统，那么在上面的任务列表中可能会看到一系列陌生的名词。不用担心。本书只要求读者熟悉 Java 编程语言以及一些常用的 Java 编程概念，比如依赖注入等。懂一些 Gradle 知识对阅读本书有一定帮助，但这并非必要条件。读者也不必了解 AWS 所提供的各种服务，因为本书将涵盖其所有技术细节，并在必要时引用有关文档。阅读本书之后，你会了解所有这些服务名称、专属名词以及缩写。当然，读者也可以直接阅读 AWS 文档来了解其各个服务所提供的功能。

我们将要实现的在线论坛功能非常基础，但看上去会有些过度设计。论坛程序本身通过 REST API 向前端提供用户注册，修改用户信息，创建话题，回复评论等基本的论坛功能，同时还提供一些基础支持功能，诸如新评论短信通知、图片缩放等。在线论坛是一个非常常见的互联网应用，因此本书假定读者对其有一定了解，从而不会在第一步先对其业务需求进行概述定义。相反，我们将会参照迭代式的敏捷开发方法，在后续章节中遇到某一个功能时再进行定义。

本章将涵盖以下内容：

- AWS Lambda 基础理论概述
- 创建 AWS 账户
- 为在线论坛项目创建 Gradle 项目并设置依赖关系
- 开发 Lambda Handler（事件响应）基类，它将被所有后续 Lambda 函数共享
- 用 Junit 进行本地单元测试
- 创建并部署一个基本的 Lambda 函数
- 介绍 AWS Lambda

前文已经提到，AWS Lambda 是 AWS 云平台向开发者提供的一种核心机制，本书主要内容都将围绕它展开。虽然云平台的所有重要功能都有其他服务提供（如数据存储、消息队列、搜索等），但是应用程序的开发者仍需要依靠 AWS Lambda 作为"胶水"将其他服务整合在一起，最终实现所需的业务逻辑。

实际上，AWS Lambda 本身就是一个云服务。它允许开发者上传代码，创建自己的独立服务，并将其与特定的云平台事件绑定。AWS 负责管理应用程序赖以运行的所有基础架构和计算资源，包括服务器和操作系统维护、应用规模自动调整、代码监视以及记录日志。当外界对部署在云端某个功能或服务的需求量增大时，AWS 自动为其增加机器数量以确保其性能稳定。AWS Lambda 默认支持 JavaScript（Node.js）、Java 和 Python。

无论使用哪种默认支持的语言编写 AWS Lambda 函数，都必须基于下面列出的核心概念：

- **Handler**：Handler 是一个入口方法，Lambda 运行时总是从 Handler 方法开始调用开发者编写的函数。被指定为 Handler 方法的函数可以使用任何合法名称。当需要调用函数时，Lambda 运行时会调用开发者指定的 Handler 方法并传入事件数据，接下来该方法可以继续调用已部署的应用程序包中的任意其他方法。使用 Java 语言开发时，若一个类中需要包含 Handler 方法，则该类必须实现一个 AWS Lambda 运行时库提供的特殊接口。本章后面将深入了解更多细节。
- **Context**：Context 是 Lambda 运行时传给 Handler 方法的对象之一。该对象包含函数调用发生时的一些运行时上下文信息，例如请求 ID、执行时限等。
- **Event**：Event 对象是与 Context 对象同时传入 Handler 方法的另一个对象。它包含了调用请求的 JSON 对象的内容。对 AWS Lambda 函数的调用可能有多种来源，比如 HTTP 请求、消息队列等。调用的来源不同，则 JSON 对象的结构也会不同。在 Node.js 环境里，JSON 对象总是一个字符串。而在 Java 里，可以指定使用 InputStream 来接收 JSON 对象，然后由开发者自行解析；或者也可以指定将 JSON 对象解析为某种 POJO 对象来处理。如果指定使用后者，Lambda 运行时会使用 Jackson 库来执行解析。本书将采用前一种方式来对 InputStream 形式的 JSON 对象自行解析，因为默认的 Jackson 库并不能满足我们的需要。

- Logging：CloudWatch 是 AWS 向 AWS Lambda 函数提供的日志服务。本书将使用 log4j 创建日志内容，然后通过 AWS 提供的自定义 log4j 追加器将日志写入 CloudWatch。
- Exception：若 AWS Lambda 函数执行成功，则可以通过 JSON 对象返回运行结果。但 Java 程序也可以使用 Java 异常将执行失败的信息告知 AWS 运行时。本书将高度依赖 Java 异常来向 AWS 运行时汇报错误，这一方法在 REST API 中尤为重要。

AWS Lambda 函数可以手动执行，也可以用于响应云平台事件。它们本身就是普通的函数，输入事件数据，产生处理结果。手动执行的方式在生产环境中没有实际意思，通常只用于开发和测试。因此在本书中除需要测试之外，AWS Lambda 函数将总是与特定的云平台事件绑定。实际上，当 AWS Lambda 函数能够在预设情况以外自动执行时，才能真正体现出其强大的能力。下面列举了本书中的两个函数将与事件绑定的例子：

- REST Endpoint：我们将开发可以响应 HTTP 请求并且异步执行的 AWS Lambda 函数，其中将会用到 API 网关。API 网关也是一个云平台服务，它自动将 HTTP 请求转换为 Handler 入口方法所需的 Event 对象，并且将函数的执行结果自动转换为 JSON 对象返回给请求发起者。本书将使用这些技术创建 3-4 REST 端点，从而使应用程序拥有具有良好伸缩性的 API。
- Resizing Image：在很多情况下，甚至无需为所需功能开发 REST API。在下面场景中，用户把个人资料中的头像上传到 AWS S3 中。开发者并不会为该功能编写 REST 端点，客户端可以通过 AWS Cognito 获取临时 IAM 证书并将照片上传到 S3 云存储桶中。然后 AWS 通过事件绑定，自动调用预先设定的图片缩放函数生成缩放后的图片，并保存到另外的桶中。将来客户端便可以通过

CloudFront CDN 来获取并显示缩放后的图片。从此例中可以看到，开发者只需要编写图片缩放函数，便可以实现一个完整的图片缩放云服务。

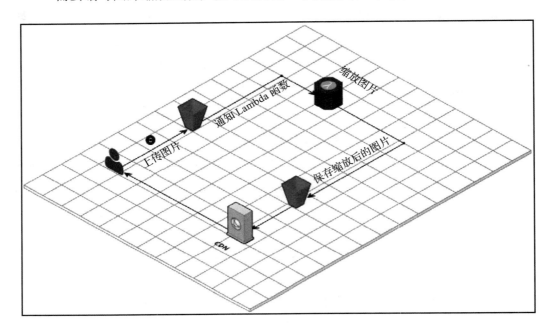

在后续章节中，读者会逐渐对 AWS Lambda 函数加深理解。

前面已经对 Serverless 计算的基础知识做了必要的介绍。接下来是时候动手编写一些程序了。

1.1 准备开发环境

在深入项目之前，我们需要有 AWS 账户，并且需要在工作电脑上安装 AWS 的命令行工具 AWS CLI。不论读者是否已经有 AWS 账户，都建议创建一个新账户，因为新 AWS 账户向用户提供一年免费使用期。本书所需的大部分资源均可免费使用。请按照下面步骤创建新账户：

❑ 在浏览器中访问网址 http://aws.amazon.com/cn/，并单击"创建免费账户"链接。
❑ 跟随在线提示完成新账户创建。

创建账户之后，需要再为新账户创建一个安全证书。IAM（身份和访问管理）是一个用于设置 AWS 账户安全属性的服务。可以在 IAM 中为一个账户创建多个用户，并对他们每个人可以访问的资源进行精确设置。每一个用户可以拥有最多两个安全证书。当他们通过各种 SDK 访问 AWS API 以及使用 AWS 命令行时，都需要提供安全证书。

创建新 AWS 账户时，系统会默认创建一个"根"用户，但是应当尽量避免使用该用户。由于"根"用户对其所属账户拥有无限访问权，因此一旦将其证书暴露于公共域，例如 GIT 仓等，则有可能导致整个账户被破解。为了简单起见，我们将在"根"用户下面仅创建一个"管理员"用户。

互联网上从不缺乏 AWS 钥匙失窃的故事。一个事实是，每天都会有恶意软件在扫描 GitHub 上的最新提交动作。这些恶意软件使用者一旦检测到 AWS 安全证书，便会利用它们登录 AWS 账户，擅自开启许多虚拟机为自己工作，例如进行比特币挖矿等。这些人为自己非法牟利的同时，会导致 AWS 账户的所有者面临巨额的意外账单。因此，AWS 密钥必须被严格保护起来，绝不可以与任何人共享，并且必须使用 IAM 的安全策略严格限制不同用户的访问权限。本书示例项目所创建的用户安全证书不会直接写在任何源程序中，仅仅会临时用于设置 AWS 命令行。最后值得注意的一点是，本书中赋予用户管理员权限的做法虽然风险性并不大，但仍然存在一些潜在问题。

请按照下列步骤创建用户：

1）在浏览器中访问网址 http://console.aws.amazon.com/iam。
2）在左侧导航条面板中，选择"用户"（Users），然后选择"添加用户"（Add user）。
3）输入新用户名称。最多可以一次性创建 5 个用户，但是目前只需创建一个用户。
4）确保选中"为每个用户产生访问钥匙"（Generate an access key for each user）

复选框。

5）单击"创建"（Create）。

6）在下一个界面中，新创建的用户会被赋予一个安全证书。这里是唯一一次显示安全证书内容的机会。请将安全证书的"访问密钥 ID"（Access Key ID）和"安全访问密钥"（Secret Access Key）内容备份，否则只能重新创建访问钥匙。备份完成后单击"关闭"（Close）返回 IAM 首页。

新创建的用户不具备访问任何 AWS 资源的权限。AWS 的用户需要通过 IAM 安全策略来获得访问权限。请按照下列步骤为新用户添加"管理员访问"（AdministratorAccess）安全策略：

1）在左侧导航面板中，选择"用户"（Users），新创建的用户名将会显示在列表中。单击该用户名称。

2）在"权限"（Permissions）卡片上单击"添加策略"（AttachPolicy）按钮。

3）选中"管理员访问"（AdministratorAccess）安全策略并单击右下角的"添加策略"（AttachPolicy）按钮。

现在，一个拥有管理员访问权限的用户已经创建完成。

安装 AWS 命令行

完成前面的账户和用户创建后，接下来需要安装 AWS CLI（Command Line Interface，命令行界面）。AWS CLI 是 AWS 服务的管理工具，它不但可以控制 AWS 的所有服务，而且也是对 AWS API 进行编程访问的首选工具。虽然我们将主要使用 Gradle 来部署程序和创建云计算资源，但是有时仍然会需要 AWS CLI 的帮助。

系统要求

- Linux、OS X 或者 UNIX
- Python 2、2.6.5 版或更高，或者 Python 3、3.3 版或更高。

在 Mac OS X 或者 Linux 上使用下列三个命令安装 AWS CLI：

```
$ curl "https://s3.amazonaws.com/aws-cli/awscli-bundle.zip" -o
  "awscli-bundle.zip"
$ unzip awscli-bundle.zip
$ sudo ./awscli-bundle/install -i /usr/local/aws -b /usr/local/bin/aws
```

AWS CLI 安装完成后便可将前面创建新用户时备份的安全证书设置到命令行工具里。执行 aws configure 命令，然后按照提示完成设置。完成这一步之后，安全证书信息将保存在 ~/.aws/configure 里面。当其他 SDK 和 AWS CLI 需要调用 AWS API 时，便会自动到这里读取证书数据。

1.2　Gradle

另外一个必须安装的工具是 Gradle。这是一个非常先进的构建工具，伴随安卓系统而逐渐流行起来。它使用基于 Groovy 的领域专用语言取代 XML，并且混合了传统的命令式和声明式构建工具的特点。Gradle 既支持依赖关系和项目属性定义，也支持自定义函数。在 Gradle 的帮助下，本书的示例项目可以仅用一行命令就将全部所需程序部署到云平台。

本书将使用 Gradle Wrapper 来操作 Gradle。Gradle Wrapper 是一个用于锁定 Gradle 版本，帮助不同团队顺利整合的工具。为了执行 Gradle Wrapper 任务为项目创建 Gradle Wrapper 文件，至少需要在本地系统中先安装一个 Gradle，任何版本均可。

如果目前系统中没有安装 Gradle，请执行以下命令进行安装：

```
$ curl -s https://get.sdkman.io | bash
```

然后开启一个新的终端窗口并执行以下命令：

```
$ sdk install gradle 2.14
```

这行命令将在系统中安装 Gradle 2.14。

1.2.1　创建项目

一切准备就绪，终于可以创建项目了。首先执行以下命令在 home 目录中为新项目创建子目录：

```
$ mkdir -p ~ /serverlessbook
$ cd ~/serverlessbook
```

创建好项目工作目录后，在该目录中为项目的主构建文件创建空文件，并命名为 build.gradle：

```
$ touch build.gradle
```

然后将下面的代码块输入到主构建文件 build.gradle 中：

```
task wrapper(type: Wrapper) {
  gradleVersion = '2.14'
}
```

最后执行以下命令：

```
$ gradle wrapper
```

该命令将在项目目录中创建 Gradle Wrapper 文件。从现在开始可以从项目根目录下运行新产生的 ./gradlew 命令脚本代替前面所述的 gradle 命令。这是一个非常有意义的特性。假设一个项目的源文件将由一个开发小组转交到另一个小组继续工作，而我们不知道其他小组的机器上是否安装有 Gradle，而且即使有，也难以确定其是否为恰当的版本。在 Gradle Wrapper 的命令脚本 ./gradlew 的帮助下，其他小组并不需要安装 Gradle 或者安装正确的版本，命令脚本会自动解决这些细节问题。

接下来为新项目添加属性定义。将下面的代码块追加到 build.gradle 文件中：

```
// allprojects means this configuration
// will be inherited by the root project itself and subprojects
allprojects {
   // Artifact Id of the projct
   group 'com.serverlessbook'
   // Version of the project
   version '1.0'
   // Gradle JAVA plugin needed for JAVA support
   apply plugin: 'java'
   // We will be using JAVA 8, then 1.8
   sourceCompatibility = 1.8
}
```

上述代码块告诉 Gradle 新项目为 Java 8 程序，产品 ID 为 com.serverlessbook，版本为 1.0。除了项目属性之外，还需要为项目创建文件 settings.gradle，用于存放参数设置以及将要创建的子项目名称。在项目根目录中，创建 settings.gradle 并输入下面一行代码：

```
rootProject.name = 'forum'
```

上述代码为根项目命名。实际上这并不是必需的。如果没有明确命名，Gradle 会使用当前目录名作为项目名称。但是通常情况下为项目明确命名是有益的，因为开发人员有可能将源代码下载到任何目录中，如果没有明确命名，则项目的名称就会随着下载位置改变。而这通常不是我们所希望的行为。

> 在项目的参数设置文件中，可以查看或修改很多重要的项目参数，比如名称 project.name 以及版本 project.version 等。

最后需要添加代码仓库的定义，以便为项目以及构建脚本本身获取所需的依赖项。请回到 build.gradle 文件中并追加下面的代码：

```
allprojects {
  repositories {
    mavenCentral()
    jcenter()
    maven {
      url "https://jitpack.io"
    }
  }
}
```

上述代码将 3 个最流行的代码仓库 Maven Central、Bintray JCenter 和 Jitpack 加入到项目中，它们将作为程序的依赖项。由于构建脚本也需要这些依赖项，因此继续在上面的文件中追加下面的代码块：

```
buildscript {
  repositories {
    mavenCentral()
    jcenter()
    maven {
      url "https://jitpack.io"
    }
  }
}
```

> 在 buildscript 中定义的代码仓库和依赖项只会被 Gradle 构建脚本使用，但构建脚本对本书的示例项目非常重要，因为该脚本将用于向云平台部署程序，所以一定要保证这些依赖项正确地定义在构建脚本中。

1.2.2 实现 Lambda 依赖

上一节完成了常规的 Gradle 设置。本节将学习编写 AWS Lambda 函数以及实现对项目来说最重要的入口函数。

在本书的示例项目中有很多 AWS Lambda 函数，除了每一个 REST 端点对应一个函数之外，还有一些函数提供一些辅助服务。所有这些函数都会共用一部分代码以及依赖项，因此在根项目中创建子项目以包含这些被其他函数共用的代码会使开发工作更加方便。在 Gradle 中，除了会继承根项目的一些属性参数之外，子项目基本上类似完全独立的项目。它们独立编译，并在自己的目录里生成独立的 JAR 文件。

在示例项目的结构中，将有一个子项目包含所有被其他子项目共用的代码。该子项目被设置为其他子项目的依赖项。作为命名规则，核心 Lambda 子项目命名为 lambda，AWS Lambda 函数的程序文件名以 lambda- 前缀开始。

下面从创建核心子项目开始着手。首先在项目根目录中创建核心子项目的目录：

```
$ mkdir lambda
```

进入 lambda 子目录，为新建的空子项目构建文件：

```
$ touch lambda/build.gradle
```

Gradle 不会自动将新创建的子目录识别为子项目，需要在根项目的 settings.gradle 文件中添加代码来向 Gradle 指出一个特定子目录是子项目。返回项目根目录，执行下面的代码添加子项目：

```
$ echo $"include 'lambda'" >> settings.gradle
```

这样一来，该子项目便可继承根项目的属性设置，从而无需再重复添加大部分属性。

现在需要为子项目添加依赖项。目前只需要 aws-lambda-java-core 两个 jackson-databind 包。前者是 AWS Lambda 函数运行时库，而后者用于 JSON 对象的序列化和反序列化，将在项目中大量使用。在前面为子项目创建的空构建文件 lambda/build.

gradle 中添加以下代码块以添加依赖项：

```
dependencies {
    compile 'com.amazonaws:aws-lambda-java-core:1.1.0'
    compile 'com.fasterxml.jackson.core:jackson-databind:2.6.+'
}
```

前面提到 AWS 平台在调用 AWS Lambda 函数时会调用一个入口方法并传入事件数据。AWS Lambda 使用接口来确定入口方法。AWS Lambda 函数运行时库的 com.amazonaws.services.lambda.runtime 包中的接口类 RequestStreamHandler 中声明了入口方法，我们需要在项目中实现该接口类。

下面创建项目中的第一个包，并创建入口方法类 LambdaHandler<I, O> 类实现接口类。

```
$ mkdir -p lambda/src/main/java/com/serverlessbook/lambda
$ touch lambda/src/main/java/com/serverlessbook/lambda/
  LambdaHandler.java
```

创建好程序文件后，添加程序代码：

```
package com.serverlessbook.lambda;

import com.fasterxml.jackson.databind.ObjectMapper;
import com.amazonaws.services.lambda.runtime.Context;
import com.amazonaws.services.lambda.runtime.RequestStreamHandler;
import java.io.IOException;
import java.io.InputStream;
import java.io.OutputStream;
import java.lang.reflect.ParameterizedType;

public abstract class LambdaHandler<I, O> implements RequestStreamHandler {

    @Override
    public void handleRequest(InputStream input, OutputStream output,
      Context context) throws IOException {
    }

    public abstract O handleRequest(I input, Context context);
}
```

上述代码使用了泛型，因为这个入口方法基类不希望限定子类所使用的 POJO（Plain Old Java Object，简单旧式 Java 对象）类型。相反，它会试图将云平台传入的 InputStream 类型的输入数据转换为子类希望的对象类型，并且将子类输出的对象类型转换为云平台所接受的 OutputStream 类型。在这里，模板参数 I 和 O 是关键所在，因为转换程序将根据它们的类型信息,决定转换应该如何进行。在本书的示例代码中,子类将使用 JSON 对象作为输入和输出的类型。

> AWS Lambda 文档指出 AWS Lambda 运行时库提供的 RequestHandler 类实际上已经实现了前文提到的类型转化功能。但是该默认实现并不支持本书示例工程所需的 Jackson JSON 库带来的高级功能,因此这里需要编写自定义的 JSON 序列化程序。当不需要高级功能时,可以参考 https://docs.aws.amazon.com/lambda/latest/dg/java-handler-io-type-pojo.html,并使用默认的序列化程序。

在继续实现上面的入口方法类之前,建议读者参考 TDD(Test Driven Development,测试驱动开发)方法,并在后面的开发中尽量为每一个功能实现类编写对应的测试类。这样做不仅能够清晰展现一个功能类所采用的实现方法的优缺点,而且有助于明确下一步的开发计划。

为了编写测试类,需要先将 Junit 添加到构建文件的依赖项中。在项目根目录中打开 build.gradle 并添加以下代码块:

```
allprojects {
  dependencies {
    testCompile group: 'junit', name: 'junit', version: '4.11'
  }
}
```

然后创建测试程序文件:

```
$ mkdir -p lambda/src/test/java/com/serverlessbook/lambda
$ touch lambda/src/test/java/com/serverlessbook/lambda/
  LambdaHandlerTest.java
```

并且向 LambdaHandlerTest.java 文件内添加以下代码块。这段代码定义了两个桩基 POJO 类和一个专用于测试的 LambdaHandler 类:

```
public class LambdaHandlerTest {
  protected static class TestInput {
    public String value;
  }
  protected static class TestOutput {
    public String value;
  }
```

```
  protected static class TestLambdaHandler extends LambdaHandler<TestInput,
    TestOutput> {
    @Override
    public TestOutput handleRequest(TestInput input, Context context) {
      TestOutput testOutput = new TestOutput();
      testOutput.value = input.value;
      return testOutput;
    }
  }
}
```

上述代码中的三个类 TestInput、TestOutput 和 TestLambdaHandler 里面的函数并没有做太多工作，它们的目的只是模拟真实运行场景，以便使被测试类 LambdaHandler 以及测试程序本身正常编译运行。从程序代码中可以看出，桩基类并没有做太多实际工作，而是直接将其接收到的数据包装在 Test Output 类对象里返回给调用者。

最后继续在前述文件中添加模拟 AWS Lambda 运行时库行为的测试代码。目前它将对上面添加的模拟入口方法类 LambdaHandlerTest 进行黑盒测试：

```
@Test
public void handleRequest() throws Exception {
    String jsonInputAndExpectedOutput = "{\"value\":\"testValue\"}";
    InputStream exampleInputStream = new
      ByteArrayInputStream(jsonInputAndExpectedOutput.getBytes(
        StandardCharsets.UTF_8));
    OutputStream exampleOutputStream = new OutputStream() {
      private final StringBuilder stringBuilder = new StringBuilder();

      @Override
      public void write(int b) {
        stringBuilder.append((char) b);
      }

      @Override
      public String toString() {
        return stringBuilder.toString();
      }
    };

    TestLambdaHandler lambdaHandler = new TestLambdaHandler();
    lambdaHandler.handleRequest(exampleInputStream, exampleOutputStream,
null);
    assertEquals(jsonInputAndExpectedOutput, exampleOutputStream.toString());
}
```

代码添加完成后，执行下面命令运行测试程序：

```
$ ./gradlew test
```

测试程序运行后会显示测试失败，这是正常的，因为被测试类 LambdaHandler 目前还没有实际的代码。这正是测试驱动开发的常见流程：先完成测试代码，然后编写和不断完善被测试代码，直至测试成功。

接下来为真正的功能添加实现代码。首先打开 LambdaHandler 类并添加成员变量 mapper，其类型为 Jackson 库中的 ObjectMapper 类，并在默认构造函数中为 mapper 成员创建实例。可以将下面代码块添加在 LambdaHandler 类内部的最开始位置：

```
final ObjectMapper mapper;

protected LambdaHandler() {
    mapper = new ObjectMapper();
}
```

> AWS Lambda 并不会为每一次请求都创建对应的类实例。相反地，类实例只会在第一次请求到来时被创建（此时称作"预热"阶段），并且被保持在内存中以便处理后续相同请求。若不再有相同请求，则该实例会在 20 分钟后被删除。虽然这一特性并没有记录在 AWS Lambda 的文档中，但开发者仍然有必要了解它，因为这一特性为实现对象缓存的可能性提供了理论依据。上面代码中的 mapper 成员变量便是一例：mapper 对象会跟随 LambdaHandler 被 AWS Lambda 暂存在内存中，并且在被删除之前可以对后续请求的处理带来一定的影响。但是这里必须明确的一点是：LambdaHandler 对象的工作模式类似于 Servlets，可能会被并发调用，因此当希望使用基于成员变量的对象缓存方法时，必须做到线程安全。

现在需要为序列化和反序列化添加三个辅助函数。第一个辅助函数用于获得模板参数 I 在子类中定义的类型，即子类希望将原始输入数据转换成为的对象类型：

```
@SuppressWarnings("unchecked")
private Class<I> getInputType() {
  return (Class<I>) ((ParameterizedType)
    getClass().getGenericSuperclass()).getActualTypeArguments()[0];
}
```

另外两个辅助函数利用 ObjectMapper 实现序列化和反序列化：

```
private I deserializeEventJson(InputStream inputStream, Class<I> clazz)
```

```
    throws
      IOException {
      return mapper.readerFor(clazz).readValue(inputStream);
}

private void serializeOutput(OutputStream outputStream, O output) throws
  IOException {
    mapper.writer().writeValue(outputStream, output);
}
```

最后便可以基于上述完成入口方法：

```
@Override
public void handleRequest(InputStream input, OutputStream output,
  Context context) throws IOException {
    I inputObject = deserializeEventJson(input, getInputType());
    O handlerResult = handleRequest(inputObject, context);
    serializeOutput(output, handlerResult);
}
```

再次执行测试命令：

```
$ ./gradlew test
```

如果所有代码输入正确，则可以看到这次测试的结果是成功的。至此，本书的示例项目已经完成了一个非常重要的部分，并且创建了 AWS Lambda 函数基类。

1.2.3 你好 Lambda

到此为止，我们已经准备好向云端部署第一个 AWS Lambda 函数。接下来将通过 AWS 命令行完成这一工作。

首先需要创建一个新的子项目。回到项目根目录，执行下面命令创建一个名为 lambda-test 的子项目：

```
$ mkdir -p lambda-test/src/main/java/com/serverlessbook/lambda/test
$ echo $"include 'lambda'" >> settings.gradle
$ touch lambda-test/src/main/java/com/serverlessbook/lambda/
  test/Handler.java
```

在 Handler.java 文件中添加一个空的 Handler 类：

```
package com.serverlessbook.lambda.test;
public class Handler {}
```

可以看到，目前所有的代码实际上已经暗含了一种命名规则：Lambda 基类包名为 com.serverlessbook.lambda，而各个 AWS Lambda 函数包的命名规则为 com.

serverlessbook.lambda.{函数名}。此外，我们将 AWS Lambda 函数入口方法命名为 Handler（Handler：处理程序），因为该词汇在英语中具有非常贴切的含义：一个 AWS Lambda 函数是一则用户请求的"处理程序"；用于处理某一特定用户请求的 Handler 类是基类 LambdaHandler（Lambda 处理程序）的具体实现。这个命名规则将贯穿于本书始终，它可以帮助程序保持逻辑清晰，但是读者在具体的工作实践中可以根据实际情况选择任何恰当的命名规则。

通过前面几节中对 Gradle 的实践可知，创建新 AWS Lambda 函数子项目时，最重要的一点是要先将基类项目 lambda 添加为新子项目的依赖项。最直接的做法是在 lambda-test 项目目录中创建 build.gradle 文件，并添加 denpendencies { } 代码块。但是考虑项目中往往会有不止一个 AWS Lambda 函数，而它们往往会共享相同的构建设置，因此如果能将共享设置集中保存在唯一位置，则显然非常有利于项目的组织管理和维护。幸运的是，强大的 Gradle 支持这种应用情景。在本书项目中，可以在根项目的构建文件中添加设置代码块，并且指定将其应用于所有名称以"lambda-"开头的子项目。请将下面代码块添加到根项目的 build.gradle 文件中：

```
configure(subprojects.findAll()) {
  if (it.name.startsWith("lambda-")) {
  }
}
```

上述代码告诉 Gradle 仅将 if {...} 块内的设置内容应用于所有名称以"lambda-"开头的子项目。请将参照下面代码添加依赖项：

```
configure(subprojects.findAll()) {
  if (it.name.startsWith("lambda-")) {
    dependencies {
      compile project(':lambda')
    }
  }
}
```

与此同时，还有一个非常重要的构建设置需要在这一步添加，那就是 Gradle 的 Shadow plugin（影子插件）。Shadow plugin 创建 AWS Lambda 所必需的 uber-JAR（又称胖 JAR 包，即一种将 Java 应用程序与其依赖包捆绑在一起以减少对运行环境依赖的 JAR 包）。在构建的每一阶段完成后，该插件会创建另一个更大的 JAR 包，包含项目自身的程序以及所有依赖项。将来向云平台部署项目时将使用该插件生成的 JAR 包。为了安装该插件，需要在根项目的 build.gradle 文件中找到以下代码块，并且插入加粗部分代码：

```
buildscript {
  repositories {
    mavenCentral()
    jcenter()
    maven {
      url "https://jitpack.io"
    }
  }

  dependencies {
    classpath "com.github.jengelman.gradle.plugins:shadow:1.2.3"
  }
}
```

除了上面的位置外，Shadow plugin 的设置还需要在子项目共享设置中添加下面加粗的两行代码：

```
configure(subprojects.findAll()) {
  if (it.name.startsWith("lambda-")) {
    dependencies {
      compile project(':lambda')
    }

    apply plugin: "com.github.johnrengelman.shadow"
    build.finalizedBy shadowJar
  }
}
```

上面粗体代码中第一行应用插件，在子项目构建任务中插入一个 shadowJar 任务。第二行代码确保每一个子项目构建任务执行时 shadowJar 任务被执行并在构建目录中创建 uber-JAR 包。

在项目根目录中执行以下命令，使用基本构建设置来构建当前项目：

```
$ ./gradlew build
```

构建成功后在目录 lambda-test/build/libs 中可以找到 uber-JAR 包 lambda-test-1.0-all.jar。

子项目 lambda-test 所有构建相关的准备工作到这里就结束了。接下来将要开始编写实现代码。由于该子项目的目的仅为了实践在 AWS 云平台部署和调用 AWS

Lambda 函数，所以它的实现代码将与前面的黑盒测试程序非常相似。为了简单起见，输入输出数据类被定义为 Java 不推荐使用的内部静态类。打开前面创建过的空 Handler 类并添加下面实现代码：

```java
package com.serverlessbook.lambda.test;

import com.amazonaws.services.lambda.runtime.Context;
import com.serverlessbook.lambda.LambdaHandler;

public class Handler extends LambdaHandler<Handler.TestInput,
Handler.TestOutput> {
    static class TestInput {
        public String value;
    }
    static class TestOutput {
        public String value;
    }
    @Override
    public TestOutput handleRequest(TestInput input, Context context) {
        TestOutput testOutput = new TestOutput();
        testOutput.value = input.value;
        return testOutput;
    }
}
```

至此，一个非常简单的，但可以在 AWS 云平台上部署和运行的 AWS Lambda 函数就完成了。下一节将会在 AWS 云平台上进行实际操作。

1.2.4 部署到云端

在本章结束之前，最后一件事是在云平台上部署和运行前面创建的 AWS Lambda 函数。下一章将学习使用 CloudFormation 来进行生产环境级别的部署。但是在这之前，不妨先用命令行实践一下手动部署。

前面讲述过 AWS 资源受到 IAM 策略保护。同时我们也创建了一个用户，并为其添加了安全策略。在 IAM 的范畴里有另外一种与用户相似的实体，叫作角色。当它被赋予特定的 IAM 策略之后，可以访问相应的 AWS 资源。与用户不同的是，一个用户应仅与一位现实世界中的使用者对应，而一个角色可以被多个用户共享，并且 AWS Lambda 函数是基于角色来访问资源的。每一个 AWS Lambda 函数应该被正确地赋予所需的运行角色，从而使其能够凭借与角色相关联的 IAM 策略来访问所需资源。

下一章将创建 CloudFormation 栈，并通过它来创建非常高级的角色定义。但是由于本章中的 AWS Lambda 函数仅为实验目的，所以它无需访问任何 AWS 资源。因此一个拥有最少访问权限的最基本的角色就能够满足需求。本节将创建一个具有下面预设角色类型和安全策略的 IAM 角色：

- AWS Lambda 类型的 AWS 服务角色。这一角色类型允许 AWS Lambda 将角色拥有者看作 AWS 服务。
- AWSLambdaBasicExecutionRole 类型的安全策略。这一策略赋予 AWS Lambda 函数执行 Amazon CloudWatch 操作的权利。该操作与日志和监视相关。

请按照下面步骤创建 IAM 角色：

1）访问网址（https://console.aws.amazon.com/iam）登录 IAM 控制台。
2）在左侧导航条上选择"角色"（Role），然后选择"创建新角色"（Create New Role）。
3）输入新角色名，比如 lambda-execution-role，然后单击"下一步"（Next Step）。
4）下一步在 AWS 服务角色区选择 AWS Lambda。
5）在"添加策略"（Attach Policy）选项里，选择 AWSLambdaBasicExecutionRole 并继续完成创建。
6）备份新建角色的 ARN。

现在已经可以部署前面创建的 AWS Lambda 函数了。在开始之前，再次执行下面命令构建项目：

```
$ ./gradlew build
```

在目录 lambda-test/build/libs 中再次确认可以找到 uber-JAR 包 lambda-test-1.0-all.jar。然后执行下面的 AWS 命令：

```
$ aws lambda create-function \
  --region us-east-1\
  --function-name book-test \
  --runtime java8 \
  --role ROLE_ARN_YOU_CREATED \
  --handler com.serverlessbook.lambda.test.Handler \
  --zip-file fileb://${PWD}/lambda-test/build/libs/
    lambda-test-1.0-all.jar
```

如果一切正常，可以看到下面的显示内容：

```
{
    "CodeSha256": "6cSUk4g8GdlhvApF6LfpT1dCOgemO2LOtrH7pZ6OATk=",
    "FunctionName": "book-test",
    "CodeSize": 1481805,
    "MemorySize": 128,
    "FunctionArn": "arn:aws:lambda:us-east-1:YOUR_ACCOUNT_ID:
      function:book-test",
    "Version": "$LATEST",
    "Role": "arn:aws:iam::YOUR_ACCOUNT-ID:role/lambda-execution-role",
    "Timeout": 3,
    "LastModified": "2016-08-22T22:12:30.419+0000",
    "Handler": "com.serverlessbook.lambda.test.Handler",
    "Runtime": "java8",
    "Description": ""
}
```

这表明函数已经成功部署到 AWS 云平台。可以访问 https://eu-central-1.console.aws.amazon.com/lambda 再次确认函数是否确实已经被部署到云端。最后，执行下面命令手动调用该 AWS Lambda 函数：

```
$ aws lambda invoke --invocation-type RequestResponse \
                    --region us-east-1 \
                    --profile serverlessbook \
                    --function-name book-test \
                    --payload '{"value":"test"}' \
                    --log-type Tail \
                    /tmp/test.txt
```

函数成功执行后会在命令行窗口回显 /tmp/test.txt 文件中的内容。也可以尝试将该文件替换为别的文件以观察不同的回显。第一次执行函数可能会有轻微延时，而后续再次执行则会非常迅速，这是因为前面提到的 AWS 的"预热"机制造成的。

如果你已获得上述所有的预期执行效果，便已收到了来自 AWS Lambda 的官方欢迎！

1.3 总结

本章首先描述了 Serverless 计算及其常见应用场合，然后创建了 AWS 账户以及本书示例项目所需的框架 Gradle 项目，并编写了 AWS Lambda 函数基类。本章最后还实现了一个简单的 AWS Lambda 函数，并在云端部署和执行了该函数。

下一章将学习使用 CloudFormation 来实现更加自动化的部署过程，并会在示例项目中加入依赖注入框架。该框架会将示例项目中的其他服务整合在一起。

1.4 参考文献

1) Amazon Web Services, *AWS S3 Pricing*, 16-8-2016（在线）。网址：https://aws.amazon.com/s3/reduced-redundancy/。
2) M. Roberts, *Serverless Architectures*, 04-08-2016（在线）。网址：http://martinfowler.com/articles/serverless.html（17/08/2016 访问）。

第 2 章

基础架构即代码

上一章讲述了 AWS Lambda 的基础知识，创建了 AWS 账户，并且开发了第一个 AWS Lambda 函数。但是目前所使用的手动部署方式显然不适合真正的生产环境。为了遵守"凡重复三遍的操作应当被自动化"的原则，本章将用自动化的方法来代替手动部署。这样不仅简化了工作流程，同时也使其更符合行业标准。

使用其他编程语言的 AWS Lambda 应用程序开发者有很多开源框架可以使用，比如 Serverless、Apex 或者 Kappa。它们对于代码打包，创建 API 网关端点等来说是不可或缺的。JavaScript 和 Python 开发者一般会被推荐基于上述框架中的其中一种来工作。但是 Java 平台已经有非常强大的构建工具，例如 Maven 或者 Gradle。所以对于 Java 开发者而言，Gradle 可以帮助他们轻松解决复杂的构建和打包工作：只需要执行几个命令即可构建单一的可执行 JAR 包，并在云端创建 AWS Lambda 函数和 API 网关端点。就在几个月前，上述的大部分工具还是用于创建云资源的最佳选择，但是现在，AWS 推出的 CloudFormation 工具能够满足所有开发需求，并且取代所有第三方工具。本章将学习使用 CloudFormation 搭配 Gradle 创建适用于任何 Serverless 应用程序的自动化构建方法。

有时我的同事批评我忽略现有的开源框架，并且为了构建程序重新造轮子。但其实这是一件非常主观的事情，每个人都有权选择自己喜爱的工作方式。如果我们能够像本章即将展现的那样轻松地开发自己的构建系统，又何必去依赖第三方工具并承担它们带来的复杂性和潜在问题呢？既然使用 Java 来开发应用程序，那最好避开第三方工具而采用纯粹的 Java 方案。而且相信这样做也能够帮助读者更加深入地学习 AWS 平台。

本章将向读者展示 AWS 传奇式的云资源自动化管理工具 CloudFormation 及其 JSON 模板。CloudFormation 是本书主要使用的工具之一，同时也是迄今为止最重要的 AWS 工具。

接下来首先需要在现有的 Gradle 构建脚本中添加代码，将已生成的 JAR 包上传至 AWS S3，并且将自定义的 CloudFormation 模板安装到 AWS 账户中。在本章结束时，我们便可以仅用一个命令来做所有的事情，包括运行所有的测试，构建并上传程序包以及完成云端部署。

CloudFormation 对于初学者来说会显得有些复杂，但本书将会尽量清晰地解释它的各种概念，并会更多地引用相关文档。

本章将涵盖以下内容：

- 向云端上传程序包
- CloudFormation 中的"基础架构即代码"概念
- 使用 CloudFormation 部署 AWS Lambda 函数

2.1 向云端上传程序包

第 1 章曾使用 AWS CLI 命令来部署 AWS Lambda 函数。该命令接受一个存储于本地的 JAR 包，先将其上传至云端而后完成云端部署。这种部署方式能够很好地服务于简单应用。然而当希望使用 CloudFormation 来部署 AWS Lambda 函数时，必须先将程序包上传至 AWS S3 存储服务。S3 存储服务是 AWS 平台最古老且最知名的功能，它向开发者提供灵活而可靠的存储服务。它允许使用者上传任何类型的文件，并只根据已经使用的容量计费。本章仅用 S3 存储程序包，在后续章节中应用程序也将用 S3 存储用户文件，例如用户个人资料中的头像。

在开始实现自动化部署之前，需要先添加 Classmethod 公司为 AWS 制作的 Gradle 插件。该插件允许开发者在 Gradle 构建脚本里调用 AWS 的 API，其详细文档可以在下面链接里找到：https//github.com/classmethod/gradle-aws-plugin。虽然该插件支持多个 AWS 服务，但是目前我们只需要利用它来操作 S3 和 CloudFormation。下面开始向主构建文件 build.gradle 中添加插件的定义以及一些常规设置。首先将插件的 classpath 添加到构建文件的依赖项中：

```
buildscript {
  repositories {
   .....
  }
  dependencies
  {
    classpath "com.github.jengelman.gradle.plugins:shadow:1.2.3"
    classpath "jp.classmethod.aws:gradle-aws-plugin:0.+"
  }
}
```

然后在上述代码块后面的 allprojects 代码块中，指定将该插件应用于所有子项目：

```
allprojects {
  apply plugin: "jp.classmethod.aws"
  aws {
    region = "us-east-1"
  }
}
```

除了将插件应用于子项目之外，上面代码块还指定了将本书示例项目中的所有程序部署到 AWS 的 us-east-1（北弗吉尼亚）区。在真实项目的开发工作中需要根据目标客户所在的地理区域来指定部署区。

AWS 的官方文档中指出："AWS 云平台的基础架构是基于'区'和'有效域'（AZ）的概念而设计的。一个'区'对应世界上一个地理范围，其中又包含多个'有效域'。一个'有效域'由一至多个彼此分离的数据中心机房组成。每一个数据中心都拥有充足的网络带宽以及计算和连接能力。开发者的应用程序和数据库部被署到一个'有效域'后，便可拥有云平台所提供的高可用性、伸缩性和容错能力。

每一个'区'所提供的 AWS 服务不尽相同。下面链接列举了所有'区'所提供的服务：https://aws.amazon.com/about-aws/global-infrastructure/regional-product-services/。截至编写本书时，us-ease-1（北弗吉尼亚）、us-west-2（俄勒冈）、eu-west-1（爱尔兰）和 ap-northeast-1（东京）这 4 个'区'能够提供全部 AWS 服务。"

完成前面的基础性配置之后，便可以利用 Gradle 脚本自动执行一系列 AWS 相关操作：首先创建一个 S3 云存储桶，然后将程序包和 CloudFormation 模板上传至该存储桶中，最后令 AWS 根据模板中的 JSON 设置自动创建资源（例如 IAM 角色和 AWS Lambda 函数等）。此外，AWS Lambda 函数与存储桶中 JAR 包的对应关系也在 CloudFormation 模板中描述。当需要执行一个 AWS Lambda 函数时，云平台会根据模板中的对应关系自动从存储桶中获取所需的 JAR 来执行。下面先添加创建云存储桶的构建代码。在项目的主构建文件 build.gradle 中找到上一章添加的 configure(subprojects.findAll()) 语句，并在它的前面添加以下代码：

```
def deploymentBucketName = "serverless-book-${aws.region}"
def deploymentTime = new
java.text.SimpleDateFormat("yyyyMMddHHmmss").format(new Date());

allprojects {
    apply plugin: "jp.classmethod.aws.s3"
    task createDeploymentBucket(type:
jp.classmethod.aws.gradle.s3.CreateBucketTask) {
        bucketName deploymentBucketName
        ifNotExists true
    }
}

configure(subprojects.findAll()) {
    if (it.name.startsWith("lambda-")) {
    ......
```

上面代码定义了两个全局变量，第一个变量为云存储桶名称，使用"区"名称作为后缀。前面的插件定义代码定义了"区"名称变量 ${aws.region}。

由于 AWS S3 要求所有存储桶具有全局唯一名称，所以读者必须在自己的项目中为存储桶指定不同的名称。如果直接复制书中代码并尝试运行，则程序会在创建存储桶时失败。这是因为示例代码已经运行过，所以具有上面名称的存储桶已经在 AWS S3 中存在。

完成上面代码并修改好存储桶名称后，便可以运行命令 ./gradlew createDeploymentBucket，测试一下构建脚本是否可以正常工作。运行该命令之后，可以通过下面命令查看存储桶是否已经创建好：

```
$ aws s3 ls
```

在命令的输出结果中应当能看到 serverless-book-us-east-1 的名称。

接下来需要扩展对子项目的构建代码。在前一章中最后为子项目添加了 shadowJar 任务的指令：build.finalizedBy shadowJar。现在继续在该行代码后面添加下面代码：

```
def producedJarFilePath = it.tasks.shadowJar.archivePath
def s3Key = "artifacts/${it.name}/${it.version}/${deploymentTime}.jar"
task uploadArtifactsToS3(type:
jp.classmethod.aws.gradle.s3.AmazonS3FileUploadTask,
  dependsOn: [build, createDeploymentBucket]) {
    bucketName deploymentBucketName
    file producedJarFilePath
    key s3Key
}
```

上述代码定义了一个新构建任务，将 shadow JAR 包（shadow JAR 指上一章提到过的 uber-JAR 包，它包含应用程序本身及所有依赖项）上传至 S3 云存储桶中。注意代码中 s3Key 变量的值会在每次运行构建脚本时改变，并且每次都会向 S3 上传新文件。这一点很重要，因为后面我们会在 CloudFormation 模板中添加 deploymentTime 变量，以确保 AWS 总是使用最新的 JAR 包来更新和运行 AWS Lambda 函数。此外还应该注意到 uploadArtifactsToS3 任务依赖于构建任务以及 createDeploymentBucket 任务（创建 S3 云存储桶任务），并且通过变量 it.tasks.shadowJar.archivePath 来访问构建生成的本地 JAR 包，该变量在生成 shadow JAR 包时由插件自动生成。现在回到项目根目录中执行下面命令测试构建代码：

```
$ ./gradlew uploadArtifactsToS3
```

Gradle 的任务依赖功能会自动在执行构建任务之前先触发创建云存储桶的任务，

并且会在测试、构建、生成 shadow JAR 包任务结束后再执行上传 JAR 包任务。由于目前项目中只有一个 AWS Lambda 函数子项目，因此这一系列任务只会执行一遍。当将来添加了多个函数后，这个命令序列会被自动应用到每一个函数子项目上。可以通过下面命令查看程序包是否已被成功上传到 S3。

```
$ aws s3 ls s3://serverless-book-us-east-1/artifacts/lambda-test/1.0/
```

请记得将上面命令中的云存储桶名称（serverless-book-us-east-1）更改为自定义名称。在命令的输出结果中应该能够看到上传的 JAR 包文件名。

到目前为止，我们没有使用其他第三方工具，仅用 Gradle 就解决了程序的构建、打包和上传的问题。下一节中将创建一个 CloudFormation 模板，并用它将前面步骤上传的 JAR 包部署为 AWS Lambda 函数。

2.2 用 CloudFormation 实现基础架构即代码

本节将要开始学习一个非常重要的 AWS 工具，CloudFormation。大部分 AWS 资源都有大量复杂的选项。使用 AWS 控制台手动配置和使用 AWS 资源有时并不是好主意，因为一些轻微的配置错误或者遗忘个别选项都会造成显著的问题，致使一个完整而正确资源配置过程变得难以重复。假设一个应用程序需要被整体迁移到另一个 AWS 账户，或者希望彻底删除一个已部署的应用程序以便重新开始部署，对于这样的工作来说，虽然 BASH 脚本搭配 AWS 命令行命令是一个可选方案，但它无法完美解决前面提到的所有问题。比如对于彻底删除程序或者修改资源栈设置来说，经常需要对 BASH 脚本进行返工或者自行查找和删除属于该程序的资源。

如果使用 CloudFormation，则只要在 JSON（或者 YAML）文件中正确声明应用程序所需资源以及各个资源之间的关联，就可以通过单击几下鼠标轻松完成部署、升级或删除整个资源栈的工作。此外使用 CloudFormation 时也无需关心配置资源的操作顺序，该工具会自动计算不同资源之间有依赖关系并正确安排各个操作的执行顺序。

CloudFormation 非常复杂，本书只能涉及与示例项目有关的部分。在实际工作中编写模板文件时，开发者需要随时参考官方文档，了解各个 AWS 资源提供的各种选项：https://docs.aws.amazon.com/AWSCloudFormation/latest/UserGuide。

作为简单实验，可以在任意路径中尝试创建和部署模板文件。请创建文本文件 cloudformation.test.template，并输入下面代码：

```
{
  "Resources": {
    "DeploymentBucket": {
      "Type": "AWS::S3::Bucket",
      "Properties": {
        "AccessControl": "PublicRead"
      }
    }
  }
}
```

上面的模板非常简单，它创建了一个 S3 云存储桶，并将其访问权限设置为 PublicRead（公共可读），所有其他未指定的属性使用 AWS 默认值。现在试一试这个模板的"执行"情况。在创建该模板文件的路径中执行下面命令：

```
$ aws cloudformation create-stack --region us-east-1 --stack-name test-stack --template-body file://${PWD}/cloudformation.test.template
```

该命令会返回一个资源栈 ID 号。用浏览器打开 AWS 控制台，在 CloudFormation 区的 us-east-1 区域里可以找到该 ID，并且能够监视上面命令执行的进度。

在浏览器中打开下面链接可以直接进入 AWS 控制台：https://eu-west-1.console.aws.amazon.com/cloudformation/home?region=us-east-1。

资源栈部署完成后，会在 status（状态）一栏中看到 CREATE_CONPLETE 提示。然后执行下面命令查看已经创建的 S3 云存储桶。

```
$ aws s3 ls
```

在列出的存储桶中可以看到名称 test-start-deploymentbucket-RANDOM_ID。追加在名称末尾的 RANDOM_ID 为 CloudFormation 自动生成的随机 ID。虽然可以禁止 AWS 自动生成随机名字，但是如果需要在同一个账户中反复安装相同的模板文件，则最好允许自动生成随机名字以避免在不同资源栈之间发生命名冲突。

基于模板文件初次在 AWS 上创建资源栈之后,接下来需要了解如何更新现有资源栈。假设需要更新的是云存储桶中的网站设置,则需要先对模板文件做如下修改:

```
{
  "Resources": {
    "DeploymentBucket": {
      "Type": "AWS::S3::Bucket",
      "Properties": {
        "AccessControl": "PublicRead",
        "WebsiteConfiguration" : {
          "IndexDocument" : "index.html",
          "ErrorDocument" : "error.html"
        }
      }
    }
  }
}
```

上述代码在模板文件中为网站增加了属性 WebsiteConfiguration。执行下面命令更新资源栈:

```
$ aws cloudformation update-stack --region us-east-1
  --stack-name test-stack --template-body
  file://${PWD}/cloudformation.test.template
```

该命令会返回一个相同的资源栈 ID 号,并更新前面创建的资源栈。当命令执行完毕,可以再次打开前述的 AWS 控制台查看更新内容是否在云存储桶中。

最后,可以通过一个命令清除整个资源栈:

```
$ aws cloudformation delete-stack --region eu-west-1
  --stack-name test-stack
```

> 删除资源栈默认会删除栈并清除全部资源。但在实际工作中,当资源中存有重要数据时,很可能希望只删除栈并保留部分或全部资源。可以通过在模板文件中为希望保留的资源添加 "DeletionPolicy":"Retain" 属性来阻止 AWS 在删除栈时将该资源一并清除掉。

2.3 用 CloudFormation 部署第一个 AWS Lambda 函数

本节将为本书示例项目创建第一个模板文件,并通过 Gradle 构建脚本部署资源栈。首先在项目根目录中创建文本文件 cloudformation.template:

```
$ cd ~/serverlessbook
$ touch cloudformation.template
```

接下来将要在本节中用模板文件定义 3 个 CloudFormation 资源：

- IAM 角色
- 为 IAM 角色添加一个自定义 IAM 策略
- 第一个 AWS Lambda 函数

第 1 章讲述了 IAM 角色的基本概念。在本章的实践中，IAM 角色将是 AWS Lambda 函数执行期间的身份。假设一个 AWS Lambda 函数需要访问某账户中的 S3 云存储桶。如何才能限制该函数只能读取某些存储桶，而不能改写里面的数据呢？这种资源访问限制就要通过设置 IAM 角色来实现。当为 AWS Lambda 函数设置了 IAM 角色后，运行时函数就会基于该角色从 AWS 获取凭证以及相应的权限。为了定义 IAM 角色请在前面创建的空模板文件中添加以下代码：

```
{
  "Resources": {
    "LambdaExecutionRole": {
      "Type": "AWS::IAM::Role",
      "Properties": {
        "Path": "/",
        "AssumeRolePolicyDocument": {
          "Version": "2012-10-17",
          "Statement": [
            {
              "Effect": "Allow",
              "Principal": {
                "Service": [
                  "lambda.amazonaws.com"
                ]
              },
              "Action": [
                "sts:AssumeRole"
              ]
            }
          ]
        },
        "ManagedPolicyArns": [
          "arn:aws:iam::aws:policy/service-role/
           AWSLambdaVPCAccessExecutionRole"
        ]
      }
    }
  }
}
```

与前面第一个实验模板类似,上面的模板代码首先定义了一个 Resource(资源)段,并指定资源类型为 AWS::IAM::Role(角色)。接下来在 Properties(属性)段中有一个重要的属性 AssumeRolePolicyDocument,该属性为角色指定信任策略,并指出与其关联的服务将作为 AWS Lambda 函数来执行。最后在 ManagedPolicyArns 段[⊖]中,我们使用了一个内建 IAM 策略:AWSLambdaVPCAccessExecutionRole,该策略赋予函数在 VPC 环境中运行以及在 CloudWatch 中记录日志的权限。几乎所有 AWS Lambda 函数都需要这两个权限,所以一般情况下总是需要将它们添加到用于运行函数的 IAM 角色中。

前面涉及了很多新概念,但是它们只是一些例行公事。在官方文档中关于 Lambda 和 IAM 的部分可以找到更多有助于理解这些概念的细节描述,读者只需做到基本了解即可。

下一步将创建一个自定义 IAM 策略,并将它指定给上面步骤创建的 IAM 角色。作为例子,这里仅仅在该策略中添加一个 s3:ListBuckets 权限。它使得 AWS Lambda 函数可以获得 S3 中的云存储桶列表。请继续在模板文件中添加以下代码:

```
"LambdaCustomPolicy": {
  "Type": "AWS::IAM::Policy",
    "Properties": {
      "PolicyName": "LambdaCustomPolicy",
      "PolicyDocument": {
        "Version": "2012-10-17",
        "Statement": [
          {
            "Effect": "Allow",
            "Action": [
              "s3:ListBuckets"
            ],
            "Resource": "*"
          }
        ]
      },
      "Roles": [
        {
          "Ref": "LambdaExecutionRole"
        }
      ]
    }
}
```

⊖ ManagedPolicyArns 全称为 Managed Policy Amazon Resource Names,可以理解为"基于托管策略的 AWS 资源名称"。——译者注

上述代码展示了策略文档及其语法。在 AWS 官方文档中可以详细学习策略文档的格式。请注意上面代码中的 Roles（角色）段，在该段中可以罗列所有需要关联该策略的角色。在本例中关联了模板由前面部分所创建的角色 LambdaExecutionRole，其中关联的设置使用了 CloudFormation 内建函数 {"Ref": "RESOURCE_NAME"}。

> CloudFormation 提供了一系列内建函数帮助开发者更灵活地设计模板文件。这些内建函数可以用来引用其他资源，用变量或者其他资源的执行结果来拼接字符串等。可以访问以下网址获得更多细节信息：http://docs.aws.amazon.com/AWSCloudFormation/latest/UserGuide/intrinsic-function-reference.html。

CloudFormation 官方文档指出，在 AWS::IAM::Policy 资源的定义块中，Roles 是一个 IAM Role 的 ARN 数组。文档同时还指出，当内建函数 ref 的输入类型为 AWS::IAM:Role 时，其输出为该角色的 ARN。这意味着可以借助 Ref 内建函数以角色名来填充 Roles 段。这里可以看到 CloudFormation 功能强大的一面：它允许开发者在资源之间进行相互引用。当该模本文件被部署到 AWS 时，系统会自动计算不同资源之间的依赖关系图。在本例中，LambdaCustomPolicy 会先于 LambdaExecutionRole 被创建，因为后者依赖于前者。

在继续向模板文件中添加 AWS Lambda 函数的创建代码之前，有必要将目前编写的模板文件在 Gradle 中测试一下。请将下面代码添加到 build.gradle 文件中：

```
apply plugin: "jp.classmethod.aws.cloudformation"

cloudFormation {
    capabilityIam true
    templateFile project.file('cloudformation.template')
    templateBucket deploymentBucketName
    templateKeyPrefix "cfn-templates"
    stackName "serverlessbook"
}

awsCfnMigrateStack.dependsOn awsCfnUploadTemplate
```

上述代码块中的第一行语句将 Gradle 插件应用到当前项目中。该插件将向 Gradle 脚本添加一些任务，例如 awsCfnMigrateStackAndWaitCompleted、awsCfnMigrateStack 和 awsCfnUploadTemplate。第一个任务创建或更新 CloudFormation 栈并等待操作完成。第二个任务与第一个类似,唯一的区别是它不会等待操作完成。第三个任务也很重要,它将本地 CloudFormation 模板文件上传到 S3 云存储桶,以便部署工作能够正确完成。这条语句是正确使用 Gradle 插件的前提。

应用了 Gradle 插件之后,代码的第二部分对 CloudFormation 栈进行配置。这些配置选项的具体含义如下:

- capabilityIam:该选项要求 CloudFormation 创建 IAM 资源。由于我们需要创建 IAM 角色和 IAM 策略,所以也必须同时创建 IAM 资源,否则该 CloudFormation 模板无法正确执行。
- templateFile:该选项指定模板文件位置。这里指定为项目根目录。
- templateBucket:用于上传模板文件的云存储桶名称。这里直接使用前面定义过的 deploymentBucketName 变量。
- templateKeyPrefix:云存储桶的名称前缀,这里可以指定任意值。
- stackName:CloudFormation 栈名称,可以使用 serverlessbook 或者项目本身的名称。

配置好 CloudFormation 栈后,上面代码的最后一部分指定 awsCfnMigrateStack 任务必须在 awsCfnUploadTemplate 任务完成后执行。

经过上述步骤之后,最后还需要添加一个任务用于构建和上传程序文件,以及部署 CloudFormation 模板。请将下面代码添加到 build.gradle 文件中:

```
task deploy {
    configure(subprojects.findAll { it.name.startsWith("lambda-") }) {
        dependsOn it.uploadArtifactsToS3
    }
    finalizedBy awsCfnMigrateStackAndWaitCompleted
}
```

上述代码创建了一个 deploy(部署)任务。读者应该还记得,在前面章节中,我们为每一个名称中包含 lambda- 前缀的子项目创建了一个名为 uploadArtifactsToS3 的任务,用于上传程序包。可以看到上面代码遍历了所有子项目,并将它们的 uploadArtifactsToS3 任务设置为新建的 deploy 任务的依赖项。这样一来便可确保在部署阶段，每一个子项目的程序包都会被构建并上传。在代码的最后一行，awsCfnMigrateStackAndWaitCompleted 任务被指定为部署的最后一个操作。

现在可以运行新的部署任务了。请执行下面命令：

```
$ ./gradlew deploy
```

在 Gradle 和 CloudFormation 的帮助下，开发者不再需要为每次部署输入冗长且复杂的 CLI 命令，而只需要在云平台上安装模板文件，并在项目有变化时进行更新即可。在执行前面的部署命令时，读者应该已经看到部署任务自动构建所有子项目，上传程序包，最后将模板文件更新到 AWS 账户中。现在可以在浏览器中打开 AWS 控制台，找到由上面部署命令创建的资源栈，同时也可以切换到 IAM 控制台，找到由模板文件创建的 IAM 角色，它具有与本书示例项目的资源栈相同的主名称，以及一个随机后缀名。

本章的最后一步将在模板文件中添加用于创建 AWS Lambda 函数的代码。请打开模板文件并添加以下代码：

```
"RootGetLambda": {
    "Type": "AWS::Lambda::Function",
    "Properties": {
      "Handler": "com.serverlessbook.lambda.test.Handler",
      "Runtime": "java8",
      "Timeout": "300",
      "MemorySize": "1024",
      "Description": "Test lambda",
      "Role": {
        "Fn::GetAtt": [
          "LambdaExecutionRole",
          "Arn"
        ]
      },
      "Code": {
        "S3Bucket": "serverlessbook-us-east-1",
        "S3Key": "artifacts/lambda-test/1.0/12313123123.jar"
      }
    }
  }
```

下面将逐一解释上面代码中设置的参数：

❏ Handler：指定 AWS Lambda 函数的入口类。在本书示例项目中，任何继承自基类 com.serverlessbook.lambda.LambdaHandler<I, O> 的子类均可作为入口类使用。
- Runtime：指定运行 AWS Lambda 函数的运行时环境。本书示例项目用 Java 编写，因此这里指定 Runtime 为 Java 8。如果用其他编程语言编写函数，也可以指定运行时环境为 Node 4.3 或者 Python 2.7 等。
- Timeout：指定 AWS Lambda 函数的执行时间限制，以秒为单位。默认值为 3 秒，最大值为 300 秒。
- MemorySize：指定为 AWS Lambda 函数的预分配的内存，可以从 128MB 到 1536MB 之间任选一个值，但必须为 64MB 的整数倍。当指定更多内存时，系统也会自动分配更多的 CPU，但这意味着每一秒钟内更高的平台使用费用。对于基于 JVM 的 AWS Lambda 函数来说，指定的内存不足会造成程序意外崩溃。

> 关于 MemorySize 值的选择，在实际项目中，可以先从 1024MB 开始试验。如果确实应用程序可以正常运行，可以逐渐减小 MemorySize 值，直到找到一个兼顾可靠性、性能以及价格合理的最佳值。

- Description：附加 AWS Lambda 函数的描述信息。
- Role：指定用于运行 AWS Lambda 函数的 IAM 角色。上面代码使用了另一个 CloudFormation 内建函数："Fn::GetAtt": ["LambdaExecutionRole", "Arn"]。该函数返回角色名对应的 ARN。
- Code：指定应用程序的 JAR 包将被上传到的 S3 云存储桶名称，以及桶内路径。

上面新添加到模板文件的代码中存在一个大问题：在 Code（代码）中，首先 S3Bucket 使用的是固定值，其次 S3Key 被赋予了一个不存在的文件名。部署这样的模板文件肯定无法获得成功。我们应该将部署时实际使用的存储桶名称、版本号以及部署时间戳作为变量添加到模板中，以便用它们来动态合成正确的文件名。下面步骤中将展示 CloudFormation 的另一个强大特性：参数。可以将模本中的一些固定值替换为模板参数。这样在一些参数发生变化时，CloudFormation 会自动更新所有与这些参数有关的资源。

下面继续在前面添加的模板代码之前插入一个参数段。请将下面代码插入到 Resource 段之前：

```
"Parameters": {
    "DeploymentBucket": {
      "Type": "String",
      "Description": "S3 bucket name where built artifacts are deployed"
    },
    "ProjectVersion": {
      "Type": "String",
      "Description": "Project Version"
    },
    "DeploymentTime": {
      "Type": "String",
      "Description": "It is a timestamp value which shows the
        deployment time. Used to rotate sources."
    }
  }
```

上面代码向模板文件中添加了 3 个必要的参数。这些参数的含义如下：

❑ DeploymentBucket：用于存储应用程序的程序包的云存储桶名称。

❑ ProjectVersion：项目的当前版本号。

❑ DeploymentTime：部署发生时刻的时间戳。该值可用于部署的回滚。

现在需要将固定的包文件名改为基于参数合成的文件名。前面在上传程序包时为新 JAR 包文件赋予了时间戳，所以现在可以按照如下方式来合成包文件名：

```
s3://DEPLOYMENT_BUCKET/artifacts/PROJECT_VERSION/DEPLOYMENT_TIME.jar
```

请将前面代码中的 Code 段改为如下代码：

```
"Code": {
  "S3Bucket": {
    "Ref": "DeploymentBucket"
  },
  "S3Key": {
    "Fn::Join": [
      "",
      [
        "artifacts/",
        "lambda-test",
        "/",
        {
          "Ref": "ProjectVersion"
        },
        "/",
        {
```

```
          "Ref": "DeploymentTime"
        },
        ".jar"
      ]
    ]
  }
}
```

上述代码再次使用内建函数 Ref 将参数 DeploymentBucket 的实际值赋给 Code 段的 S3Bucket。而 S3Key 的值则使用另一个内建函数 Fn::Join 来为每一次部署动态合成文件名。假设当前 ProjectVersion 为 1.0，并且 DeploymentTime 为 1 231 231 231 312，则合成的文件名为"artifacts/lambda-test/1.0/1231231231312.jar"。这个文件名与 Gradle 脚本所构建和上传的文件名一致。

显然，我们需要修改 build.gradle 文件以便为 CloudFormation 模板设置参数值。请将下面代码添加到 build.gradle 文件中 cloudformation {} 代码块内 stackName 一行语句的下面：

```
conventionMapping.stackParams = {
  return [
    DeploymentBucket: deploymentBucketName,
    ProjectVersion  : project.version,
    DeploymentTime  : deploymentTime
  ]
}
```

上面代码为 CloudFormation 模板设置参数值。由于这些参数值在每次部署时都会发生变化，因此每次应用程序的资源栈都会被更新，确保云端总是运行最新的 AWS Lambda 函数。

请再次运行部署命令以测试目前所有的修改：

```
$ ./gradlew deploy
```

部署完成后可以再次在浏览器中打开 AWS 控制台查看新部署的 AWS Lambda 函数。也可以用下面的 AWS CLI 命令查看部署情况：

```
$ aws cloudformation describe-stack-resources
  --stack-name serverlessbook --region us-east-1
```

该命令会产生类似下面的输出结果：

```json
{
    "StackResources": [
        {
            "StackId": "arn:aws:cloudformation:us-east-1:423915886527:stack/
                serverlessbook/b0bbeaa0-9526-11e6-a1a8-5044763dbb7b",
            "ResourceStatus": "UPDATE_COMPLETE",
            "ResourceType": "AWS::IAM::Policy",
            "Timestamp": "2016-10-18T11:53:03.459Z",
            "StackName": "serverlessbook",
            "PhysicalResourceId": "serve-Lamb-1APLY9NQ6SAE1",
            "LogicalResourceId": "LambdaCustomPolicy"
        },
        {
            "StackId": "arn:aws:cloudformation:us-east-1:423915886527:stack/
                serverlessbook/b0bbeaa0-9526-11e6-a1a8-5044763dbb7b",
            "ResourceStatus": "UPDATE_COMPLETE",
            "ResourceType": "AWS::IAM::Role",
            "Timestamp": "2016-10-18T11:34:15.900Z",
            "StackName": "serverlessbook",
            "PhysicalResourceId": "serverlessbook-LambdaExecutionRole-WOMSZF9W1R8D",
            "LogicalResourceId": "LambdaExecutionRole"
        },
        {
            "StackId": "arn:aws:cloudformation:us-east-1:423915886527:stack/
                serverlessbook/b0bbeaa0-9526-11e6-a1a8-5044763dbb7b",
            "ResourceStatus": "CREATE_COMPLETE",
            "ResourceType": "AWS::Lambda::Function",
            "Timestamp": "2016-10-18T14:47:24.281Z",
            "StackName": "serverlessbook",
            "PhysicalResourceId": "serverlessbook-TestLambda-1LCZZ94I7MQIY",
            "LogicalResourceId": "TestLambda"
        }
    ]
}
```

可以看到由 CloudFormation 模板部署的 AWS Lambda 函数名称以一个随机字符串结尾，例如 serverlessbook-TestLambda-1LCZZ94I7MQIY。

获得函数名后，可以用第 1 章中曾使用过的命令来运行函数：

```
$ aws lambda invoke --invocation-type RequestResponse \
                    --region us-east-1 \
                    --function-name
                      serverlessbook-TestLambda-1LCZZ94I7MQIY \
                    --payload '{"value":"test"}' \
                    --log-type Tail \
                    /tmp/test.txt
```

由于 CloudFormation 模板生成的随机字符串不同，所以读者需要将上面命令中的函数名称改为实际部署生成的名称。如果一切顺利，可以在 /tmp/test.txt 文件中看到 Lambda 函数的输出内容：{"value":"test"}。

2.4 总结

本章学习了如何使用 Gradle 和 CloudFormation 来实现自动化部署。我们首先在 Gradle 构建脚本中实现了自动构建，以及自动向 S3 云存储桶上传程序包，然后基于 CloudFormation 模板文件实现了 AWS Lambda 函数的部署。

下一章将继续修改 AWS Lambda 函数使其能够响应 HTTP 请求，并借此机会引入 API 网关的概念。此外，通过将 AWS Lambda 的版本控制特性加入到 CloudFormation 模板中，我们将实现程序部署的回滚操作。

第 3 章　Chapter 3

你好，互联网

上一章讲述了如何构建一个由事件驱动的、可以独立运行的 AWS Lambda 函数。从中可见，一个 AWS Lambda 函数就是一段存放在云端的可执行代码，并且会被指定的事件触发执行。有很多事件可以被指定为触发条件，比如有新文件被上传到 S3 云存储桶，再比如下一章将要学习的 SNS 通告事件等。在目前阶段，我们先要试一试通过 HTTP 请求来触发执行云端函数。虽然这是一个最简单的触发方式，却可以用于实现纯粹的 Serverless REST API。

强大的 API 网关取代了 serverlet、serverlet 容器、应用服务器以及整个 HTTP 层，为实现能够响应 HTTP 请求的 REST API 铺平了道路。当 API 网关收到请求后，首先会将它转发给适合的处理模块，进行必要的数据格式转换之后，再调用后端程序处理请求，最后会将处理结果返回给客户端。

API 网关支持多种类型的后端程序，并可以根据不同的 REST 资源和 HTTP 方法来进行分别配置。它可以将请求送至基于 HTTP 的 API 或者基于 AWS 的 API，并且也可以支持 AWS Lambda 函数。例如，假设有一个可用的 REST API 实现了将用户图片上传至 S3 云存储桶的功能：由于 API 网关既可以将请求送至 AWS API，也可以送至 AWS Lambda 函数，所以我们就可以为图片上传功能配置一个 AWS Lambda 函数，以便在上传图片之前，决定用户是否具有执行该操作的权限。本章的示例将展示实现这一特性的方法，读者将从中看到用 API 网关来实现该特性其实非常简单。

本章将介绍 API 网关，并且用它将 AWS Lambda 函数与一些 HTTP 资源和方法进行关联。此外，还将介绍更加复杂的 CloudFormation 结构以及很多新概念。这些新知识点极其重要，需要读者很好地掌握。此外，本章还将涉及 AWS 的 CDN 方案：CloudFront，它可以帮助开发者实现一些 API 网关尚未直接支持的 HTTP 特性，比如 HTTP/2 和 IPv6 等。

本章将基于在前面章节中编写过的简单测试函数来创建 REST API。在后续章节中还将编写更多的 AWS Lambda 函数以及 REST 端点，并且不断扩展 API 网关的配置。但是在现阶段我们需要从理解基础概念开始。同时，读者还需要学习配置 CDN 的方法，因为这些工作从过去到现在一直都非常重要。在本章结束时，我们将实现本书中的第二个 AWS Lambda 函数，该函数负责对其他 API 调用进行授权。

本章将涵盖以下内容：

- 设置 API 网关
- 使用现有 AWS Lambda 函数创建 REST 端点
- 操作 HTTP 请求数据和 Lambda 应答数据
- 建立 CloudFront CDN 以便使用增强的 HTTP 属性
- 解耦 AWS Lambda 函数以便使用 Bearer 令牌来为 API 调用进行授权

3.1 设置 API 网关

本节将从扩展 CloudFormation 模板开始。

首先需要做一些例行公事的工作。前面章节曾提到过 CloudWatch 是 AWS 提供的一个日志存储服务，它将应用程序的日志进行集中存储。API 网关同样使用 CloudWatch 来存储 HTTP 日志，并且同其他服务一样，API 网关服务也需要基于一个 IAM 角色来调用 CloudWatch 服务。该 IAM 角色将被设置为允许 apigateway.amazonaws.com 服务访问 CloudWatch 日志，并且作为 AWS::ApiGateway::Account 资源配置到 API 网关上。

现在请在示例项目的根目录中，打开前面创建过的 CloudFormation 模板文件，并将下面代码添加到 Resource 段中：

```
"ApiGatewayCloudwatchRole": {
    "Type": "AWS::IAM::Role",
    "Properties": {
      "AssumeRolePolicyDocument": {
        "Version": "2012-10-17",
        "Statement": [
          {
            "Effect": "Allow",
            "Principal": {
              "Service": [
                "apigateway.amazonaws.com"
              ]
            },
            "Action": "sts:AssumeRole"
          }
        ]
      },
      "Path": "/",
      "ManagedPolicyArns": [
        "arn:aws:iam::aws:policy/service-role/AmazonAPIGatewayPushToCloudWatchLogs"
      ]
    }
},
"ApiGatewayAccount": {
    "Type": "AWS::ApiGateway::Account",
    "Properties": {
      "CloudWatchRoleArn": {
        "Fn::GetAtt": [
          "ApiGatewayCloudwatchRole",
          "Arn"
        ]
      }
    }
}
```

基于目前对 CloudFormation 模板语法的了解，不难理解：上面代码使用系统提供的 IAM 策略 arn:aws:iam::aws:policy/servicerole/AmazonAPIGatewayPushToCloudWatchLogs 创建了一个 IAM 角色，这一安全策略允许该角色向 CloudWatch 写入日志。同时该 IAM 角色在 AssumeRolePolicyDocument 段中被指定给了一个被 API 网关服务内部使用的 IAM 实体 apigateway.amazonaws.com，从而使得 API 网关服务可以向 CloudWatch 写入日志。如果此时执行部署操作，则可以在 AWS 控制台的 API 网关页面中的 CloudWatch log role ARN 框中看到新创建的 IAM 角色。这是一个一次性操作，对于每一个 AWS 区域和每一个账户，该操作只需要执行一次即可。

3.1.1 创建 API

基于 REST 原则，API 网关由多个部分组成：REST API、阶段、资源和方法。这一点也可以从 API 网关的 URL 观察到，例如 https://51xda3cqkj.execute-api.us-east-1.amazonaws.com/production/ping。

这里 51xda3cqkj 是 API 的 ID，production 是阶段名称[注]，而 ping 是资源名称。当建立 API 网关时，首先需要创建 REST API，因此必须先为 API 保留一个 ID 以便将来用于合成 URL。然后需要以静态路径创建一个资源，例如 /ping。或者也可以使用参数路径，例如 /users/{id}。最后便可在此资源下创建 HTTP 方法。

作为 HTTP 方法的后端，API 网关为开发者提供了多种选择。例如，可以令 API 网关将请求发送至本地 AWS API，并对权限加以适当限制，这样便可以让一个用户代表另一个用户向 S3 云存储桶上传文件。此外还可以将请求发送至为其他项目编写和部署的 REST API。最后，对本书内容最重要的一点是，API 网关允许开发者用 AWS Lambda 函数来处理请求和返回结果数据。对于上述所有选项，API 网关均提供了一套请求和应答数据的转换功能。比如 AWS Lambda 函数可以只使用 JSON 作为输入输出数据的格式，但是它并不需要关心调用者的细节，只负责处理输入数据并且返回结果。这种情况下，API 网关的数据转换功能就变得非常重要。可以使用 API 网关自动将 HTTP 请求的参数转换为 JSON 的属性数据，然后创建 JSON 对象并发送给 AWS Lambda 函数。相反地，也可以令 API 网关将函数返回的 JSON 对象重新转换为 HTTP 所需的 HTTP 头和主体形式的数据。API 网关使用 VLT（Apache Velocity Template Language）来定义数据格式转换。后面几节将使用这种语言编写一些转换程序。

作为创建 API 网关栈的第一步，首先需要在模板文件中的 AWS::ApiGateway::Acc-

    ○ production 在软件工程中通常指软件被正式交付使用的阶段。——译者注

ount 后面，继续添加资源类型 AWS::ApiGateway::RestApi，这是一个拥有最少属性的简单资源：

```
"RestApi": {
  "Type": "AWS::ApiGateway::RestApi",
  "Properties": {
    "Name": {
      "Ref": "AWS::StackName"
    }
  }
}
```

为了简单起见，上面代码中 API 的命名使用了 AWS::StackName 变量，这意味着如果遵循本书的命名习惯，则名字将为 serverlessbook。

读者可以尝试部署，并在 API 网关控制台页面查看新创建的 API。

3.1.2　创建资源

创建 API 之后，现在可以继续创建一个实验性的资源。实验完成后即可删除该资源。请将下面代码添加到模板文件中：

```
"TestResource": {
    "Type": "AWS::ApiGateway::Resource",
  "Properties": {
    "PathPart": "test",
    "RestApiId": {
      "Ref": "RestApi"
    },
    "ParentId": {
      "Fn::GetAtt": [
        "RestApi",
        "RootResourceId"
      ]
    }
  }
}
```

分析上面代码中的 REST 资源描述可知，该资源的类型为 AWS::ApiGateway-::Resource，并且其 PathPart 属性值为 test，因此当客户端请求 https://base_url/test 时，该 REST 资源将被自动调用。此外，如果在这里使用大括号，则可以创建具有动态参数的资源。例如，{test} 既可以匹配 https://base_url/1，也可以匹配 https://base_url/2，并且其可变部分可以作为参数传给 AWS Lambda 函数。RestApiId 属性的值为

AWS::ApiGateway::RestApi，它指出该 REST 资源为前面创建过的那个 REST API[⊖]，而 ParentId 属性的值则是通过内建函数 Fn::GetAtt 所获取的 RestApi 资源的根资源的 ID。

 这里可能会令读者感到迷茫。通常情况下，创建新资源时需要指明其父资源。比如若要创建资源 /users/{id}/picture，需要分别创建资源 users、{id} 和 picture，并且将后一个资源的父资源指定为前一个资源。但是 users 资源显然不再有父资源，则在这种情况下，需要将父资源属性的值设置为 RootResourceId。

3.1.3　创建方法

创建好资源后，便可以开始在该资源下创建第一个 HTTP 方法。这可能是最复杂的部分，因为它不仅需要很多参数设置，而且还需要引入一些新概念。接下来请先将下面设置添加到模板文件中，然后我们将逐句解释它们的作用：

```
"TestGetMethod": {
  "Type": "AWS::ApiGateway::Method",
  "Properties": {
    "HttpMethod": "GET",
    "RestApiId": {
      "Ref": "RestApi"
    },
    "ResourceId": {
      "Ref": "TestResource"
    },
    "AuthorizationType": "NONE",
    "RequestParameters": {
      "method.request.querystring.value": "True"
    },
    "MethodResponses": [
      {
        "StatusCode": "200"
      }
    ],
    "Integration": {
      "Type": "AWS",
      "Uri": {
        "Fn::Sub": "arn:aws:apigateway:${AWS::Region}:lambda:path/
          2015-03-31/functions/${TestLambda.Arn}/invocations"
      },
```

⊖　这里指上一节中代码所创建的 REST API。——译者注

```
      "IntegrationHttpMethod": "POST",
      "RequestParameters": {
        "integration.request.querystring.value":
          "method.request.querystring.value"
      },
      "RequestTemplates": {
        "application/json": "{\"value\":\"$input.params('value')\"}"
      },
      "PassthroughBehavior": "NEVER",
      "IntegrationResponses": [
        {
          "SelectionPattern": ".*",
          "StatusCode": "200"
        }
      ]
    }
  }
}
```

上面代码定义了一个 GET 方法，并且将前面创建的 test 函数作为其后端。其中，HttpMethod、RestApi 和 ResourceId 属性的含义比较直白，它们将 GET 方法与 REST API 和 /test 资源联系起来。

AuthorizationType 属性被设置为 NONE，因此该端点可以被公开访问。下一节将会学习如何使用 AWS Lambda 函数来为 API 网关端点进行访问授权。

RequestParameters 属性决定了哪些请求中的参数将被传给后端的 AWS Lambda 函数。上面代码通过将 method.request.querystring.value 和 method.request.header.Accept 设置为 TRUE，指定将请求中的 value 值和 Accept 头信息传给后端函数。所有希望被传给后端函数的请求参数都必须被显式定义在这里，否则将会被忽略。

MethodResponses 属性为方法定义了唯一一个默认返回值，即 200。如果方法需要更多不同的返回值，也必须分别进行显式定义，同时将它们与后端函数的相应返回结果设置关联。本章在后面将对这一特性展开描述。

至此，我们已经声明了一个 HTTP 接口，指定了一些需要传给后端的请求参数，并且声明了 HTTP 返回值。接下来 Integration 部分将展示如何将这些值传给 AWS Lambda 函数。

Integration 部分除了一些例行公事的设置之外，主要将该 HTTP 方法所对应的后端类型设置为 AWS，并且创建 URI。一般情况下其 URL 应当类似于下面所示：

```
arn:aws:apigateway:us-
east-1:lambda:path/2015-03-31/functions/arn:aws:lambda:us-
east-1:423915886527:function:serverlessbook-
TestLambda-6G0CT84ER5SI/invocations.
```

这里有两个可变部分。其一为 AWS 区名称[译注]。另一个为 AWS Lambda 函数的 ARN，即位于 functions 和 invocations 之间的部分。因此可以用下面代码来定义 URL：

```
arn:aws:apigateway:${AWS::Region}:lambda:path/2015-03-31/functions/${Te
stLambda.Arn}/invocations
```

由于 API 网关将向该 URL 发送 POST 请求，因此 IntegrationHttpMethod 应设置为 POST。

RequestParameters 则指定将 POST 请求携带的查询字符串和 Accept 头传给后端函数。

RequestParameters 段使用 Apache Velocity 语言调用内建函数 $input.params() 创建了一个 JSON 对象，作为传给后端函数的事件。为了循序渐进地学习，我们暂时尽量使事件简单，读者可以在 AWS 的文档中找到关于事件的更多选项，而且在接下来的章节中也将使用更多选项来创建更复杂的 JSON 对象。基于这些选项，可以将很多变量传给后端函数，比如 User Agent、client IP 等。这样做有助于将 HTTP 请求本身的复杂性与后端函数隔离开，使其不必关心如何解析请求信息，而是直接使用所需数据。最后有一点值得注意的是，由于这里使用了 application/json 来声明使用 JSON 对象接收和封装请求的主体信息，所以只有当请求的 Accept 头是 application/json 时，对应的后端函数才会被调用。API 网关还提供了 PassthroughBehavior 选项，允许开发者指出如何处理无法识别类型的请求主体信息。由于这里使用 NEVER 指出只接收 application/json 类型的请求，所以当 API 网关收到其他类型的请求时，将直接回应 415 Unsupported Media Type（不支持该媒体类型）。这样做可以强迫客户端使用 Content-Type（内容类型）头以便符合 REST 标准。

最后，IntegrationResponses 段为后端函数的处理结果和 HTTP 状态码做了映射。

⊖ 指上面代码中的 useast-1，即上一章提到的北弗吉尼亚区。——译者注

简单起见,这里将所有处理结果对应为状态码 200。根据实际需要,除了 200 之外,也可以将所有错误结果对应为状态码 500。这一段的主要作用就是定义如何将后端函数的处理结果回传给客户端。除了映射 HTTP 状态码之外,也可以定义一些变换方法来对请求处理结果进行更复杂的变换,以便支持不同类型的客户端。

> 这里仅仅对 API 网关进行了简单且初级的实现,还有很多功能并没有涉及。后面章节将创建更加复杂的 API,因此建议读者自行阅读 AWS 文档,提前熟悉更多选项的作用和用法。

现在可以尝试将上面对模板文件的修改部署到栈上,并在 API 网关的控制台页面查看可用选项。打开 GET 方法页面并单击 Test 按钮执行该方法。控制台将显示测试页面,其中包含两个输入框:用于输入查询字符串和 Accept 头信息。请随意填入一些字符,然后单击 Test 按钮。

读者将看到执行失败的提示,这是意料之中的。因为目前还没有适当的执行权限。

3.1.4 配置 Lambda 权限

本章在开始的时候曾指出任何 AWS 资源都是实体,而云端服务以及账户则是操作这些实体的角色。在本章的示例里,AWS Lambda 函数便是实体,而 API 网关则相当于调用函数实体的角色。截至目前,API 网关这个角色尚未被赋予访问后端函数的权限,因此它还不能调用后端函数。

为了解决这个问题,需要再向 CloudFormation 模板文件增加一个名为 AWS::Lambda::Permission 的资源。请在模板文件中找到 Resources 段,并在其尾部添加下面代码:

```
"TestLambdaPermission": {
  "Type": "AWS::Lambda::Permission",
  "Properties": {
    "Action": "lambda:InvokeFunction",
    "FunctionName": {
      "Ref": "TestLambda"
    },
    "Principal": "apigateway.amazonaws.com",
```

```
      "SourceArn": {
        "Fn::Sub": "arn:aws:execute-
api:${AWS::Region}:${AWS::AccountId}:${RestApi}/*"
      }
    }
  }
```

上述代码指出，当执行动作的角色名（ARN）为"RestApi"时，为 apigateway. amazonaws.com 实体赋予 lambda:InvokeFunction 权限，从而允许 API 网关调用 AWS Lambda 函数。

重新部署该模板文件后，便可再次单击上一节中提到的 **Test** 按钮进行测试，这次即可看到正确结果。

> 读者可能会感觉到本章中的一系列操作非常复杂，毕竟如果使用 AWS 控制台页面来部署，它会代替开发者解决所有问题，包括本节解决的权限问题。但是既然我们打算全部使用代码来实现所有基础操作，以便达到完全自动化构建和部署的目的，因此我们不得不在代码中自行解决这些问题。

3.1.5　部署 API

到目前为止，我们已经定义了 API 及其资源，但是所有这些在模板中的修改，需要通过部署才能在生产环境中使用。接下来将部署 API。

阅读过 CloudFormation 的读者可能对 AWS::ApiGateway::Deployment 资源有一定了解。它可用于创建 API 网关，但是却有一个局限性：用它创建的资源将无法再次被修改。因此，当修改了 CloudFormation 模板文件并需要更新部署时，不得不每次都增加新的 Deployment 资源。虽然 AWS 没有透露如此设计该功能的原因，但是它的确无法满足自动化部署的需求。

为了解决这个问题，需要使用 CloudFormation 的一个优秀特性：Lambda 自定义资源。我们将使用一个小 Lambda 函数，在每次更新 CloudFormation 栈时调用它，以便创建部署。已经为本书的示例程序编写好了一个 Node.js 并部署到了 S3 云存储桶中。后面将直接在模板文件中使用它。

可以从下面链接处下载该 Node.js 的代码以便详细查看：
https://s3.amazonaws.com/serverless-arch-us-east-1/serverless.zip。

为了使用这段现成的代码，需要先创建小 Lambda 函数及其所需角色，然后将其添加到模板文件 Resources 段的开始处：

```
"DeploymentLambdaRole": {
  "Type": "AWS::IAM::Role",
  "Properties": {
    "AssumeRolePolicyDocument": {
      "Version": "2012-10-17",
      "Statement": [
        {
          "Effect": "Allow",
          "Principal": {
            "Service": [
              "lambda.amazonaws.com"
            ]
          },
          "Action": [
            "sts:AssumeRole"
          ]
        }
      ]
    },
    "Path": "/",
    "ManagedPolicyArns": [
      "arn:aws:iam::aws:policy/service-role/AWSLambdaVPCAccessExecutionRole"
    ],
    "Policies": [
      {
        "PolicyName": "LambdaExecutionPolicy",
        "PolicyDocument": {
          "Version": "2012-10-17",
          "Statement": [
            {
              "Effect": "Allow",
              "Action": [
                "lambda:PublishVersion",
                "apigateway:POST"
              ],
              "Resource": [
                "*"
              ]
            }
          ]
        }
      }
    ]
  }
},
```

```
"DeploymentLambda": {
  "Type": "AWS::Lambda::Function",
  "Properties": {
    "Role": {
      "Fn::GetAtt": [
        "PublishNewVersionRole",
        "Arn"
      ]
    },
    "Handler": "index.handler",
    "Runtime": "nodejs4.3",
    "Code": {
      "S3Bucket": {
        "Fn::Sub": "serverless-arch-${AWS::Region}"
      },
      "S3Key": "serverless.zip"
    }
  }
}
```

上面的代码不需要逐句解释。相信读者可以利用目前已经掌握的知识自行理解。简单地讲，上面代码创建了一个 IAM 角色，并为它赋予了 apigateway:POST 和 lambda:PublishVersion 权限。那么，这里为什么需要这个从未提及过的 lambda:PublishVersion 权限呢？这是因为在后面章节中，我们将学习如何控制 AWS Lambda 函数的版本以及实现回滚功能，而这需要这个新权限。为了避免重复操作，上面代码在创建角色时直接为其指定了该权限。

创建了 AWS Lambda 函数后，便可在 Resources 段尾部添加自定义资源：

```
"ApiDeployment": {
    "DependsOn": [
      "TestGetMethod"
    ],
    "Type": "Custom::ApiDeployment",
    "Properties": {
      "ServiceToken": {
        "Fn::GetAtt": [
          "DeploymentLambda",
          "Arn"
        ]
      },
      "RestApiId": {
        "Ref": "RestApi"
      },
      "StageName": "production",
      "DeploymentTime": {
        "Ref": "DeploymentTime"
      }
    }
}
```

这是创建自定义资源的标准语法。其中只有 ServiceToken 是必需的，并且应当为 Lambda 函数的 ARN 名称。其他参数将在事件发生时传给 Lambda 函数进行处理。这个用于部署的特殊函数将创建一个新的 API 部署任务，然后返回结果。Lambda 自定义资源是 CloudFormation 的一个高级概念，并且与本书的学习目标并不直接相关，所以在这里不做详细介绍。推荐有兴趣了解的读者自行阅读 AWS 文档：http://docs.aws.amazon.com/AWSCloudFormation/latest/UserGuide/template-custom-resources-lambda.html。

当应用程序因为规模不断增长而达到 CloudFormation 的限制时，可以通过定义新的自定义资源来解决此问题，从而保持应用程序的 CloudFormation 底层结构不变。

完成这一步之后，便可再一次部署项目。成功部署后便可看到我们的 API 状态已经变为公开可用。API 的 URL 可以在 AWS 控制台看到，也可以通过下面 CLI 命令看到：

```
$ aws cloudformation describe-stack-resources --region us-east-1
  --stack-name serverlessbook
```

上述命令将打印出特定栈中的已创建资源。其中可以看到 AWS::ApiGateway::RestApi 资源，例如下面的 JSON：

```
{
  "StackId": "arn:aws:cloudformation:us-east-1:423915886527:stack/serverlessbook/8bb69620-9dd6-11e6-9003-50d5cd24fac6",
  "ResourceStatus": "CREATE_COMPLETE",
  "ResourceType": "AWS::ApiGateway::RestApi",
  "Timestamp": "2016-11-13T15:06:14.375Z",
  "StackName": "serverlessbook",
  "PhysicalResourceId": "eciv8og4wj",
  "LogicalResourceId": "RestApi"
}
```

这里，PhysicalResourceId 是新部署的 API 的 ID，其结果 URL 将为：https://eciv-8og4wj.execute-api.us-east-1.amazonaws.com/production。

请尝试使用 CURL 命令访问我们创建的第一个端点：

```
$ curl -v https://eciv8og4wj.execute-api.us-east-1.amazonaws.com/production/test?value=hello+world
* Hostname was NOT found in DNS cache
*   Trying 52.222.157.193...
* Connected to eciv8og4wj.execute-api.us-east-1.amazonaws.com
```

```
    (52.222.157.193) port 443 (#0)
  * successfully set certificate verify locations:
  *   CAfile: none
      CApath: /etc/ssl/certs
  * SSLv3, TLS handshake, Client hello (1):
  * SSLv3, TLS handshake, Server hello (2):
  * SSLv3, TLS handshake, CERT (11):
  * SSLv3, TLS handshake, Server key exchange (12):
  * SSLv3, TLS handshake, Server finished (14):
  * SSLv3, TLS handshake, Client key exchange (16):
  * SSLv3, TLS change cipher, Client hello (1):
  * SSLv3, TLS handshake, Finished (20):
  * SSLv3, TLS change cipher, Client hello (1):
  * SSLv3, TLS handshake, Finished (20):
  * SSL connection using ECDHE-RSA-AES128-GCM-SHA256
  * Server certificate:
  *    subject: C=US; ST=Washington; L=Seattle; O=Amazon.com, Inc.;
CN=*.execute-api.us-east-1.amazonaws.com
  *    start date: 2016-06-08 00:00:00 GMT
  *    expire date: 2017-07-08 23:59:59 GMT
  *    subjectAltName: eciv8og4wj.execute-api.us-east-1.amazonaws.com
matched
  *    issuer: C=US; O=Symantec Corporation; OU=Symantec Trust Network;
CN=Symantec Class 3 Secure Server CA - G4
  *    SSL certificate verify ok.
  > GET /production/test?value=hello+world HTTP/1.1
  > User-Agent: curl/7.35.0
  > Host: eciv8og4wj.execute-api.us-east-1.amazonaws.com
  > Accept: */*
  >
  < HTTP/1.1 200 OK
  < Content-Type: application/json
  < Content-Length: 23
  < Connection: keep-alive
  < Date: Mon, 21 Nov 2016 21:16:15 GMT
  < x-amzn-RequestId: bc4e5395-b02f-11e6-91ae-fd48641b4f02
  < X-Amzn-Trace-Id: Root=1-5833641f-d12570a2d1e70be03bd61c8f
  < X-Cache: Miss from cloudfront
  < Via: 1.1 ec27b2a550cb7db6ef54f74603010b29.cloudfront.net (CloudFront)
  < X-Amz-Cf-Id: qN1K2jmEyeBMPSrPIUejXyTVwj8BhxZTNm4CCiYaITnTw52WDTlewg==
  <
  * Connection #0 to host eciv8og4wj.execute-api.us-east-1.amazonaws.com
left intact
  {"value":"hello world"}
```

好极了！至此，我们的第一个 serverless REST API 已经正式上线工作。

3.2 设置 CloudFront 的 CDN 分布

读者可能已经注意到，目前为止，示例程序只有一个由 AWS 自动产生的 URL。

这既不友好，也不能使用自定义的 SSL 证书。因此最好能够使用自定义的域名并且使用 SSL 证书。API 网关默认提供了相关功能，但是目前还不够完美。其主要缺点在于，开发者必须手动将证书内容复制并粘贴到项目中。这一做法尤其不适于规模庞大的研发团队。

幸运的是，AWS 为解决所有这些问题提供了更好的方案，同时也弥补了 API 网关所缺乏的功能。这一解决方案便是 CloudFront，它是 AWS 提供的功能丰富的 CDN 方案。本章接下来将要建立一个 CloudFront 分布，并用它来代理 API 网关，从而获得更多丰富的功能。这些功能包括但不限于下列这些：

- 通过 ACM（Amazon 认证管理器）免费获得 SSL 功能
- 获得 HTTP/2 和 IPv6 支持
- GZIP 解压缩
- HTTP 缓存

> 对于那些地理位置离 API 的部署位置较远的用户来说，单纯使用 API 网关会产生明显的延迟现象。而由于 CloudFront 在世界各地有很多接入点，并且它们之间都拥有良好的网络连接，所以可以在用户和 API 网关之间加入 CloudFront 分布，以便用户从最近的 CloudFront 接入点开始连接，这样做往往能够明显加快用户和 API 之间的通信速度。所以一般情况下在互联网应用程序中加入 CloudFront 会是个好主意。

CloudFront 的配置并不复杂。请先将下面代码添加到模板文件中，然后我们将再次逐句解释代码的含义：

```
"CloudformationDistribution": {
  "Type": "AWS::CloudFront::Distribution",
  "Properties": {
    "DistributionConfig": {
      "Enabled": "true",
      "HttpVersion": "http2",
      "Origins": [
        {
          "DomainName": {
```

```json
            "Fn::Sub": "${RestApi}.execute-api.
              ${AWS::Region}.amazonaws.com"
          },
          "OriginPath": "/production",
          "Id": "APIGATEWAY",
          "CustomOriginConfig": {
            "OriginProtocolPolicy": "https-only"
          }
        }
      ],
      "DefaultCacheBehavior": {
        "TargetOriginId": "APIGATEWAY",
        "Compress": true,
        "AllowedMethods": [
          "DELETE",
          "GET",
          "HEAD",
          "OPTIONS",
          "PATCH",
          "POST",
          "PUT"
        ],
        "ForwardedValues": {
          "QueryString": "true",
          "Cookies": {
            "Forward": "none"
          },
          "Headers": [
            "Accept",
            "Content-Type",
            "Authorization"
          ]
        },
        "DefaultTTL": 0,
        "MaxTTL": 0,
        "MinTTL": 0,
        "ViewerProtocolPolicy": "redirect-to-https"
      }
    }
  }
}
```

上面代码定义了一个 AWS::CloudFront::Distribution 类型的资源，并设置了一些配置选项。

首先，将 Enableed 选项设置为 true 以启用该资源。HttpVersion 指定支持最新的 HTTP/2。这一特性不但是免费的，而且保证向上兼容性，因此不支持 HTTP/2 的客户端也可以正常工作。接下来，Origins 选项指定了当 CloudFront 接收到客户端的请求时，将转派给哪一个具体的后端服务来处理请求。⊖在这里我们指定将请求转派给

⊖ 习惯上将被代理的后端服务称为"分配源"或者"origin"。本书后面将统一称为 origin。——译者注

API 网关。实际上也可以要求 CloudFront 同时为多个后端服务，从多个不同路径做代理。

下一章将在此基础上将 S3 云存储桶服务也添加到 CloudFront 的 Origins 列表中。这样便可为客户端显示用户头像做好准备。DomainName 允许开发者使用内建函数 Fn::Sub 和其他资源变量来合成自定义的域名。OriginalPath 是一个非常重要的选项：它可用于指定所有请求 URL 中共有的部分，以便简化 URL。上面代码中 OriginalPath 被设置为 /production，因此将来在客户端的请求中便不需要再重复这一部分。Id 是当前 origin 的标识符。CustomOriginConfig 选项指定 CloudFront 使用哪一种协议将请求转派给后端的 origin。由于 API 网关只支持 HTTPS，所以这里将该选项设置为 https-only。在定义完 origin 后，上面代码继续定义了默认缓存方式。CloudFront 可以为不同路径执行不同操作。比如，假设在一个目录中只有静态文件，则我们可以为其指定最适合静态文件的缓存方式；而当一个路径没有被指定特殊缓存方式时，CloudFront 将采用默认方式。在 DefaulCacheBehavior 选项里，首先指定了所有请求均由标识符为 APIGATEWAY 的 origin 处理。然后启用了 CloudFront 的 GZIP 压缩功能来弥补 API 网关所缺失的功能。这样服务端便可将请求处理结果压缩后再发往客户端。AllowedMethods 为需要支持的 HTTP 方法种类。由于一个典型的 REST API 通常需要使用所有 HTTP 方法，所以这里指定支持全部方法种类。ForwardedValues 是另一个重要选项，用于指定 HTTP 请求中的哪些值将被传递给后端。目前我们尚未启用 CloudFront 的缓存功能，将来实现真正的 REST 端点后，再决定哪些请求处理结果可以被缓存。但是这里读者需要记住，CloudFront 会使用由 ForwardedValues 指定的被传递给后端的请求值作为结果缓存的键⊖。上面代码将全部 HTTP 请求字符串传递给后端，并且丢弃所有 cookies。因为对于典型的 REST API 来说，cookies 通常没有意义。这样一来，只有 Accept、Content-Type 和 Authorization 头会被传递给后端。这意味着假如启用了缓存，则当客户端发送的请求中，Accept、Content-Type 和 Authorization 头的内容均相同时，CloudFront 会返回相同的缓存结果，

⊖ "键"用于识别相同请求，以及匹配请求和缓存的处理结果。当 CloudFront 根据"键"发现接收到了一条相同请求时，便会再使用"键"查找结果缓存，如果缓存存在，则不会再调用后端服务，而是直接将缓存结果返回给客户端。——译者注

反之则会返回不同的缓存结果，或者调用后端处理请求。在实际工作中，若要优化缓存行为，则可以为每一个 REST 端点分别创建缓存配置，并精确指定确实需要传递给后端的请求参数。目前为了简单起见，我们暂时使用通用配置。

上面代码中指定的域名基本上是默认域名。现在可以尝试部署应用程序并等待 CloudFront 配置结束。由于 CloudFront 在世界各地拥有众多的机器作为接入点，而对于 CloudFront 的配置需要被更新到所有这些机器上，所以这次的部署将比以往花费更长的时间。Gradle 很可能报告部署超时，但是不用担心。CloudFormation 栈会在后台继续执行部署工作。可以通过 AWS 控制台查看进度。

部署结束后，可以在 AWS 控制台的 CloudFront 区看到新生成的 CDN 分布和域名。也可以尝试向该 CDN 分布发送请求：

```
$ curl https://d3foeb7gudycc2.cloudfront.net/test?
  value=hello+world {"value":"hello world"}
```

由于域名的第一部分为随机生成，所以读者在实践中会获得不同的域名。请使用在控制台页面上显示的实际域名来运行上述命令。

当然，由于还没有使用自定义域，所以目前的结果还难以令人满意。

3.2.1 设置自定义域

为了支持自定义域，本节将使用 AWS 提供的强大 DNS 方案：Route 53，但是读者仍然需要先注册一个自己的顶级域名，然后才能在 Route 53 中创建一个宿主区域，最后基于它创建子域。可以在任何域名注册机构注册顶级域名，当然也可以通过 Route 53 来注册。

首先，请在 CloudFormation 模板文件中创建新的参数：

```
"DomainName": {
  "Type": "String",
  "Description": "Domain Name to serve the application"
}
```

然后在 build.gradle 脚本文件中为上面的参数赋值。请将下面的 stackParams 代码块添加到脚本文件中：

```
conventionMapping.stackParams = {
  return [
    DeploymentBucket: deploymentBucketName,
    ProjectVersion  : project.version,
    DeploymentTime  : deploymentTime,
    DomainName      : "serverlessbook.example.com"
  ]
}
```

不要忘记将上述代码中 DomainName 参数改为读者自行注册的域名。回到 CloudFormation 模板文件，继续添加下面代码以便创建宿主区域：

```
"Route53HostedZone": {
  "Type": "AWS::Route53::HostedZone",
  "Properties": {
    "HostedZoneConfig": {
      "Comment": "Serverless Book Project Hosted Zone"
    },
    "Name": {
      "Ref": "DomainName"
    }
  }
}
```

并且为宿主区域中添加 DNS 记录。下面代码同样需要添加到 Resources 段内：

```
"DNSRecord": {
  "Type": "AWS::Route53::RecordSetGroup",
  "Properties": {
    "HostedZoneId": {
      "Ref": "Route53HostedZone"
    },
    "RecordSets": [
      {
        "Name": {
          "Ref": "DomainName"
        },
        "Type": "A",
        "AliasTarget": {
          "HostedZoneId": "Z2FDTNDATAQYW2",
          "DNSName": {
            "Fn::GetAtt": [
              "CloudformationDistribution",
              "DomainName"
            ]
          }
        }
      }
    ]
  }
}
```

上述代码中的设置从 AliasTarget 开始变得有些复杂。Aliases（别名）是 Route 53 提供的强大功能之一。相比标准的 CNAME 记录来说，Aliases 记录可以直接指向 AWS 资源，例如 ELB（Elastic Load Balancer）和 CloudFront 分布等。Aliases 是 Route 53 的特有功能，在 DNS 标准中并没有对应的概念。使用 Aliases 有两个主要优势。首先 Aliases 是免费的，而 CNAME 是付费服务。另外，当使用 CloudFront 分布时，CNAME 记录相比 Aliases 记录需要多执行一步操作才能获得最终的 IP 地址，从而给域名解析功能增加了负担。HostedZoneId 也是一个 AWS 特有的概念。但是根据 AWS 文档的描述，我们只知道当为 CloudFront 分布创建 Aliases 记录时必须提供这一信息，不过这只是一种例行公事而已。

现在可以部署修改后的模板文件，让 CloudFormation 创建 DNS 记录。

部署完成后，可以在 AWS 控制台的 Route 53 页面上查看新创建的宿主区域。请读者在控制台页面上注意宿主区域的 NS 值输入框。现在需要创建 NS 记录并使其指向顶级域的子域，然后将获得的 NS 值填入输入框。

配置好自己的 DNS 后，可以尝试 ping 一下域名，应该可以看到域名被解析为 CloudFront 分布在全球的 IP 地址之一。

3.2.2 创建 SSL 安全证书

AWS 于近期提供了一个免费发放 SSL 安全证书的服务。ACM 是一个革命性的服务，它帮助开发者创建和维护 SSL 安全证书，从而使这一任务变得无比轻松。

请将下面代码添加到 CloudFormation 模板文件，以便通过 ACM 为域创建安全证书：

```
"SSLCertificate": {
  "Type": "AWS::CertificateManager::Certificate",
  "Properties": {
    "DomainName": {
      "Ref": "DomainName"
    },
    "DomainValidationOptions": [
      {
        "DomainName": {
```

```
                "Ref": "DomainName"
            },
            "ValidationDomain": "example.com"
        }
    ]
}
```

当再次部署模板文件时，读者将收到一封发给域管理员的邮件。需要通过访问邮件中的链接来确认创建安全证书，从而使部署过程顺利完成。因此请读者查看在注册域名时提供的电子邮箱。可以在 AWS 控制台的 Amazon Certificate Manager 页面查看 AWS 将要发送确认邮件的邮箱地址。请访问下面链接以获得关于这一过程的更详细信息：http://docs.aws.amazon.com/acm/latest/userguide/gs-acm-validate.html。

最后，需要在 CloudFront 分布中将域名定义为一个 CNAME，并且向其提供 SSL 安全证书 ID 以便在 CloudFront 启用自定义域。

请参考下面代码，在前面添加的 DistributionConfig 段内做相应修改：

```
"DistributionConfig": {
    "Aliases": [
        {
            "Ref": "DomainName"
        }
    ],
    "ViewerCertificate": {
        "SslSupportMethod": "sni-only",
        "AcmCertificateArn": {
            "Ref": "SSLCertificate"
        }
    },
    "Enabled": "true",
    ...
```

这里的 DomainName 变量被定义为一个别名，因此 CloudFront 会响应发往该域名的请求。ViewerCertificate 段将设置 SSL 的支持方式为 sni-only，同时添加了对前面新创建的安全证书的引用。SSL 的支持方式有 vip 和 sni-only 两种模式。在 vip 模式下，CloudFront 为应用程序提供专用 IP 地址，并且能够响应从任何客户端收到的 HTTPS 请求。但是若要使用这一模式，开发者必须向 AWS 提出申请，并且支持相应的费用。而在 sni-only 模式下，CloudFront 只能响应支持 SNI（Server Name Indication）[①]的客户端发来的 HTTPS 请求。

[①] SNI 即服务器名称指示，是一种 TLS 网络协议。——译者注

> 如今绝大部分浏览器已经支持 SNI，但仍然有人在使用不支持 SNI 的老式浏览器。因此，既然 SNI 在大多数情况下可用，我们就采用这一方案。另外需要注意的是，一些老版本的 Java 程序和测试框架不支持 SNI，所以请读者在将来的实际工作中按照具体情况来做决定。

接下来可以再次部署修改后的模板文件。这次 CloudFront 同样需要花费一些时间来更新部署设置。部署完成后便可使用自定义域名来访问 API 了：

```
$ curl https://serverlessbook.example.com?value=hello+world
{"value":"hello world"}
```

到这里，一个拥有自定义域，支持 SSL 和 HTTP/2 协议，并且以 Serverless 形式工作的 REST API 就实现了。

3.2.3　为 API 调用授权

为 API 调用授权对于一个应用程序来说至关重要。由于本书的示例程序是一个论坛，因此很自然地需要将一部分功能公开（例如帖子浏览），而将另一部分功能按照用户身份加以限制。例如，只有注册用户才可以修改他们自己的个人信息、密码或者头像图片。

API 授权看起来并不复杂。回顾目前已经学过的知识不难想到，可以从 HTTP 请求中提取客户端的身份信息，然后在后端的 AWS Lambda 函数中查询数据库，以便决定是否应该为该客户端处理请求。但是这样做有如下两个弊端：

- 将业务功能逻辑与权限管理逻辑混杂在一起，违背了"关注点分离"原则。
- 若后端服务不是 AWS Lambda 函数，便不再有能力进行权限检查。

对于上述的第二个弊端，这里有一个很直接的例子，即用户头像上传功能。前面已经提到，我们希望通过 API 网关将这种请求直接转发给 S3 现成的 API 进行处理，而不再为其编写 AWS Lambda 函数。这是因为 S3 的 API 在业务功能上已经完全满足需要。而从另一方面看，用户头像上传功能需要进行权限控制，不但因为用户应该只能修改自己的头像，而且也需要用户的 ID 以便在 S3 云存储桶中找到适当的数据进行修改。

API 网关提供了一个非常实用的特性，它允许开发者为端点自定义授权程序。在 API 网关将要处理请求之前，会自动调用自定义授权程序，并根据其返回结果执行或拒绝请求。如果自定义授权程序给出拒绝信号，则 API 网关会向客户端返回 4xx 错误代码，表明该用户的请求在当前端点上不被允许。如果自定义授权程序认为请求中的用户有足够权限，则会向 API 网关给出允许信号以及一个 ID 字符串（例如用户 ID、用户名或者任何能够代表调用者的唯一标识符号），该 ID 字符串将被发送给后端程序。通过这种方式，后端用于实现业务逻辑的程序就不再需要关心请求的权限问题了。

3.2.4　实现简单授权程序

本节将尝试实现一个简单的授权程序，使用硬编码的权限令牌来决定是否允许请求。虽然目前暂时未使用数据库记录授权数据，但它仍然是一个很好的起点。在下一章中，将实现一个授权服务器，并通过依赖注入的方法将它与 DynamoDB 连接，最终实现生产环境级别的授权功能。

首先，为将要实现的简单授权程序创建一个新的 AWS Lambda 函数，以及相应的 Java 程序项目。请在本书示例项目的根目录中执行下面命令创建子项目目录：

```
$ mkdir -p lambda-authorizer/src/main/java/com/serverlessbook/lambda/authorizer
```

为了将该授权程序添加为项目子模块，需要将新建的目录添加到 settings.gradle 文件中。为此，请执行以下命令：

```
$ echo "include 'lambda-authorizer'" >> settings.gradle
```

在继续之前，读者需要先理解 API 网关将会发送给授权 Lambda 函数的输入信息，以及授权程序需要输出的信息。

当 API 网关收到一个需要调用 REST API 的请求时，它会在请求内容中填充以下权限相关信息，然后以此来调用自定义授权程序：

```
{
  "type":"TOKEN",
  "authorizationToken":"<caller-supplied-token>",
  "methodArn":"arn:aws:execute-api:<regionId>:<accountId>:
    <apiId>/<stage>/<method>/<resourcePath>"
}
```

授权程序需要根据请求中的权限相关信息来做出判断，决定请求是否被允许执行。然后以下面格式来返回判断结果：

```
{
  "principalId": "xxxxxxxx", // The principal user identification
    associated with the token send by the client.
  "policyDocument": {
    "Version": "2012-10-17",
    "Statement": [
      {
        "Action": "execute-api:Invoke",
        "Effect": "Allow|Deny",
        "Resource": "arn:aws:execute-api:<regionId>:<accountId>:
          <appId>/<stage>/<httpVerb>/[<resource>/<httpVerb>/[...]]"
      }
    ]
  }
}
```

下面是一则授权程序拒绝请求的反馈信息示例：

```
{
  "principalId": "123",
  "policyDocument": {
    "Version": "2012-10-17",
    "Statement": [
      {
        "Action": "execute-api:Invoke",
        "Effect": "Deny",
        "Resource": "arn:aws:execute-api:us-west-2:123456789012:
          ymy8tbxw7b/*/GET/"
      }
    ]
  }
}
```

接下来可以根据上述输入输出信息定义两个 Java 类结构，分别用于接收从 Lambda 函数的输入数据中反序列化出来的输入信息，以及作为输出结果，序列化成为 JSON 对象并返回给 API 网关。首先创建一个名为 AuthorizationInput 的输入数据类。请先执行以下命令为模型类创建子目录：

```
$ mkdir -p lambda-authorizer/src/main/java/com/serverlessbook/
  lambda/authorizer/models
```

然后在子目录中创建 Java 程序文件：

```
$ touch lambda-authorizer/src/main/java/com/serverlessbook/
  lambda/authorizer/models/AuthorizationInput.java
```

最后将下面代码添加到程序文件中：

```java
package com.serverlessbook.lambda.authorizer.models;

import com.fasterxml.jackson.annotation.JsonProperty;

public class AuthorizationInput {

    @JsonProperty("authorizationToken")
    private String authorizationToken;

    @JsonProperty("methodArn")
    private String methodArn;

    @JsonProperty("type")
    private String type;

    /**
     * Returns the Authorization token given in the request
     *
     * @return Authorization token
     */
    public String getAuthorizationToken() {
        return authorizationToken.split(" ", 2)[1];
    }

    /**
     * Returns the invoked API Gateway Method's ARN.
     *
     * @return Method ARN
     */
    public String getMethodArn() {
        return methodArn;
    }
    /**
     * Payload type. Currently the only value is TOKEN
     *
     * @return Payload type
     */
    public String getType() {
        return type;
    }
}
```

上面代码的原理比较显而易见。它拥有三个属性成员，均有 Jackson 库的 annotation（Java 的反射注解），从而 Jackson 库会从 JSON 对象中反序列化数据，并且填充到这些属性成员中。同时这些属性成员还拥有读取函数，用于外部读取其值。

读取函数 getAuthorizationToken 使用了很简单的逻辑，这应当归功于 Bearer 令牌的使用，即客户向服务端发送请求时，会将权限令牌以 Bearer ACCESS_TOKEN 格式放在 Authorization 头中。这一方法从 HTTP 1.0 起便被广泛采用，我们在这里可以放心使用。该读取函数仅仅将令牌添加到 Bearer 关键字后面。此处读者可能有疑问：万一输入信息的令牌不是 Bearer 令牌格式怎么办？由于 API 网关能够自动匹配输入的令牌格式和授权程序所支持的格式，因此我们可以在授权程序中假定输入的格式一定有效。

完成输入信息类结构之后，请执行以下命令为输出信息类创建程序文件：

```
$ touch lambda-authorizer/src/main/java/com/serverlessbook
  /lambda/authorizer/models/AuthorizationOutput.java
```

输出信息类比上面的输入信息类略复杂，因为它需要使用嵌套类。下面先从嵌套类的外部类开始：

```
package com.serverlessbook.lambda.authorizer.models;

import com.fasterxml.jackson.annotation.JsonGetter;
import com.serverlessbook.lambda.authorizer.models.policy.PolicyDocument;

public class AuthorizationOutput {

    private final String principalId;

    private final PolicyDocument policyDocument;

    public AuthorizationOutput(String principalId, PolicyDocument policyDocument) {
        this.principalId = principalId;
        this.policyDocument = policyDocument;
    }
    @JsonGetter("principalId")
    public String getPrincipalId() {
        return principalId;
    }

    @JsonGetter("policyDocument")
    public PolicyDocument getPolicyDocument() {
        return policyDocument;
    }
}
```

为了能够创建输出信息类的对象，需要增加一个 PolicyDocument 对象。请执行以下命令：

```
$ mkdir -p lambda-authorizer/src/main/java/com/serverlessbook/
  lambda/authorizer/models/policy
$ touch lambda-authorizer/src/main/java/com/serverlessbook/
  lambda/authorizer/models/policy/PolicyDocument.java
```

然后将下面代码添加到 PolicyDocument.java 文件中:

```java
package com.serverlessbook.lambda.authorizer.models.policy;

import com.fasterxml.jackson.annotation.JsonGetter;
import com.fasterxml.jackson.annotation.JsonIgnore;

import java.util.ArrayList;
import java.util.Collections;
import java.util.List;

public class PolicyDocument {

    private final List<PolicyStatement> policyStatements = new ArrayList<>();

    @JsonIgnore
    public PolicyDocument withPolicyStatement(PolicyStatement policyStatement) {
        policyStatements.add(policyStatement);
        return this;
    }

    @JsonGetter("Version")
    public String getVersion() {
        return "2012-10-17";
    }

    @JsonGetter("Statement")
    public List<PolicyStatement> getPolicyStatements() {
        return Collections.unmodifiableList(policyStatements);
    }
}
```

接下来创建嵌套类的内部类 PolicyStatement:

```
$ touch lambda-authorizer/src/main/java/com/serverlessbook/
  lambda/authorizer/models/policy/PolicyStatement.java
```

请将下面代码添加到 PolicyStatement.java 程序文件中:

```java
package com.serverlessbook.lambda.authorizer.models.policy;
import com.fasterxml.jackson.annotation.JsonGetter;
public class PolicyStatement {
    public enum Effect {
        ALLOW("Allow"),
        DENY("Deny");
        private final String effect;
        Effect(String effect) {
```

```java
            this.effect = effect;
        }
        public String toString() {
            return effect;
        }
    }
    public final String action;
    public final Effect effect;
    public final String resource;
    public PolicyStatement(String action, Effect effect, String resource) {
        this.action = action;
        this.effect = effect;
        this.resource = resource;
    }
    @JsonGetter("Action")
    public String getAction() {
        return action;
    }
    @JsonGetter("Effect")
    public Effect getEffect() {
        return effect;
    }
    @JsonGetter("Resource")
    public String getResource() {
        return resource;
    }
}
```

> 这些类只是一些添加 Jackson 库注解的 POJO 类。如果希望了解更多关于 Jackson 库注解的细节信息，请参考 Jackson 库的文档：https://github.com/FasterXML/jackson-annotations/wiki/Jackson-Annotations。

最后执行以下命令为 AWS Lambda 函数创建程序文件：

```
$ touch lambda-authorizer/src/main/java/com/serverlessbook/
  lambda/authorizer/Handler.java
```

本章开始时提到过，这个 AWS Lambda 函数读取输入的权限令牌，如果是 Serverless 则允许处理请求，否则会返回 DENY 策略。下面我们看一下具体的实现代码：

```java
package com.serverlessbook.lambda.authorizer.models;

import com.amazonaws.services.lambda.runtime.Context;
import com.serverlessbook.lambda.LambdaHandler;
import com.serverlessbook.lambda.authorizer.models.policy.PolicyDocument;
import com.serverlessbook.lambda.authorizer.models.policy.PolicyStatement;

public class Handler extends LambdaHandler<AuthorizationInput,
```

```java
AuthorizationOutput> {

  @Override
  public AuthorizationOutput handleRequest(AuthorizationInput input,
Context context){
      final String authenticationToken = input.getAuthorizationToken();
      final PolicyDocument policyDocument = new PolicyDocument();
      final PolicyStatement.Effect policyEffect =
        "serverless".equals(authenticationToken) ?
        PolicyStatement.Effect.ALLOW : PolicyStatement.Effect.DENY;
      policyDocument.withPolicyStatement(new PolicyStatement(
        "execute-api:Invoke", policyEffect, input.getMethodArn()));
      return new AuthorizationOutput("1234", policyDocument);
  }
}
```

在后续开发中，这个 AWS Lambda 函数将使用更恰当的权限管理服务来验证请求中的权限令牌，但是现在它将暂时使用这个简单方法来工作。

下一步需要修改现有的 CloudFormation 模板文件来创建 AWS Lambda 函数，并且将它定义为 Lambda 授权程序。有了授权程序后，便可以将该程序绑定到前面创建的测试 REST 端点上，以便使其只处理来自持有特定权限令牌的客户端的请求。

首先，将下面代码添加到模板文件的 Resources 段中：

```
"AuthorizerLambda": {
  "Type": "AWS::Lambda::Function",
  "Properties": {
    "Handler": "com.serverlessbook.lambda.authorizer.Handler",
    "Runtime": "java8",
    "Timeout": "300",
    "MemorySize": "1024",
    "Description": "Test lambda",
    "Role": {
      "Fn::GetAtt": [
        "LambdaExecutionRole",
        "Arn"
      ]
    },
    "Code": {
      "S3Bucket": {
        "Ref": "DeploymentBucket"
      },
      "S3Key": {
        "Fn::Sub": "artifacts/lambda- authorizer/
          ${ProjectVersion}/${DeploymentTime}.jar"
      }
    }
  }
}
```

与前面章节中的 AWS Lambda 函数相比，这个用于权限验证的函数除了 S3Key 值和 Handler 名称，并没有太多特殊。此外，除了定义新的 AWS Lambda 函数，还需要允许 API 网关调用 Lambda 函数。为此需要修改 LambdaExecutionRole 资源，将 apigateway.amazon.aws 添加到 Service 段。请在模板文件中找到下面代码：

```
"Service": [
    "lambda.amazonaws.com"
]
```

并将其替换为以下代码：

```
"Service": [
    "lambda.amazonaws.com",
    "apigateway.amazonaws.com"
]
```

完成上面的准备工作之后，便可以为授权程序创建 AWS::ApiGateway-Z::Authorizer 资源：

```
"ApiGatewayAuthorizer": {
    "Type": "AWS::ApiGateway::Authorizer",
    "Properties": {
        "Name": "AUTHORIZER",
        "Type": "TOKEN",
        "RestApiId": {
            "Ref": "RestApi"
        },
        "AuthorizerUri": {
            "Fn::Sub": "arn:aws:apigateway:${AWS::Region}:lambda:path/
                2015-03-31/functions/${AuthorizerLambda.Arn}/invocations"
        },
        "AuthorizerCredentials": {
            "Fn::GetAtt": [
                "LambdaExecutionRole",
                "Arn"
            ]
        },
        "IdentitySource": "method.request.header.Authorization",
        "IdentityValidationExpression": "Bearer ?[a-zA-Z_0-9+=,.@\\-_/-]+",
        "AuthorizerResultTtlInSeconds": 120
    }
}
```

另一方面，还必须告诉 AWS Lambda 函数它可以被 API 网关调用：

```
"AuthorizerLambdaPermisson": {
    "Type": "AWS::Lambda::Permission",
    "Properties": {
        "Action": "lambda:InvokeFunction",
        "FunctionName": {
```

```
      "Ref": "AuthorizerLambda"
    },
    "Principal": "apigateway.amazonaws.com",
    "SourceArn": {
      "Fn::Sub": "arn:aws:execute-api:${AWS::Region}:
        ${AWS::AccountId}:${RestApi}/authorizers/${ApiGatewayAuthorizer}"
    }
  }
}
```

最后，需要修改 TestGetMethod 资源，将它的权限验证方式由不验证权限改为由 API 网关自动验证权限，从而 API 网关便会根据前面的配置自动使用上面的授权 Lambda 函数来进行权限验证。请在模板文件中找到以下代码：

```
"AuthorizationType": "NONE",
```

并将其替换为以下代码：

```
"AuthorizationType": "CUSTOM",
  "AuthorizerId": {
    "Ref": "ApiGatewayAuthorizer"
},
```

接下来便可以再次部署模板文件。这一次，如果请求中的 Authorization 头中没有 Bearer serverless 值，则请求会被拒绝。

请尝试下面的 CURL 命令，并观察其输出结果：

```
$ curl -H "Authorization: Bearer wrong_token"
  https://serverlessbook.example.com/test?value=hello+world
  {"Message":"User is not authorized to access this resource"}
$ curl -H "Authorization: Bearer serverless"
  https://serverlessbook.example.com/test?value=hello+world
  {"value":"hello world"}
```

到此，我们已经创建了一个低耦合度的权限验证系统。它可以为任意多的后端函数做权限验证。

3.3 总结

本章基于 AWS Lambda 函数创建了一个基于 Serverless 架构的 REST API，并将其作为后端服务。从中我们学习了如何配置 API 网关，以及一些将来会用到的配置选项。虽然在实现该后端服务之中，API 网关缺失了一些必要的功能，但是我们通过在 API 网关之外增加 CloudFront CDN 层弥补了这一不足之处。在自定义域名方面，我们使用了 AWS 提供的 Route 53 DNS 服务，此外还为 CDN 创建了一个免费的 SSL 安全证书。至此，一个完整的基于 AWS Lambda 函数和 Serverless 架构的 REST API 便已经实现。并且本章也介绍了一些必要的 Serverless 结构基础知识。

本章的重点内容在于 CloudFormation 配置，而不是实际的程序代码。CloudFormation 囊括了 AWS 体系架构的各项配置，因此不可能在短短一章之中完整而详细地介绍所有细节。在学习过程中，建议读者在遇到任何不清楚的地方时随时参考 AWS 官方文档，以便获得更加详细的信息，以及更多可用的选项和值。

下一章将以编写 Java 程序代码为主。我们将会创建数据访问层，并且使用 NoSQL 数据库引擎 DynamoDB 来实现一个数据存储层。最终将会基于 DynamoDB 数据表来重新实现授权程序。

第 4 章

企业模式实践

或许依靠代码的简单堆砌，最终也能获得一个刚好能工作的软件产品，但是这并不符合 Java 的风格。基于 Java 的软件研发通常喜欢采用复杂的代码架构，规划更多的抽象层次，并且设计规模更小却可独立测试的软件元件。最后通过将这些小元件粘合在复杂的架构中，组成大型软件产品。在很多人的观念中，这种研发方式就是**企业级编程**，虽然这个称谓并不一定是最恰当的。

AWS Lambda 函数看起来恰好就是这样的小元件，实际上它们确实就是。我的一些使用 Node.js 或者 Python 编程的同事总是喜欢在一个简单的 Lambda 函数里放进太多内容，并且对可重用性和关注点分离原则置若罔闻。经常会看到在一个程序文件里面编写了若干 Lambda 函数，实现了几乎全部业务逻辑。这是一种比较糟糕的研发习惯，因为 Lambda 函数实现的业务逻辑很可能非常复杂，若将它们都放进一个程序文件里，则迟早会变得难以维护。一个正确的做法是，从各个 Lambda 函数中总结出具有共性的业务逻辑部分，然后设计一些结构让多个函数共享这部分逻辑。

在基于 Java EE 和 Spring 框架的项目中，开发者往往为不同的功能点创建独立的程序模块，然后通过**依赖注入**（Dependency Injection）将它们粘合在一起。在经典的**领域驱动的设计**（Domain Driven Design）方法中，服务层被设计为对象的操作层，而存储层则负责存储对象本身,并且维持数据的一致性。最后通过表现层将来自其他层次的对象和数据展现给最终用户。表现层往往是一个项目的起点。有了它之后,通过设置依赖注入可将它与其他后端模块相连接。虽然不同项目所采用的实现方法会有区别,但是这里有一个不变的原则:处于后端的层次不关心谁在使用它们的数据。它们被依赖注入框架创建了之后,就会被自动注入需要它们的对象中。

在上一章中,我们创建了一个真正意义上的应用程序的雏形,并且用 AWS Lambda 函数实现了一个使用固定令牌的授权程序。在真正的生产环境中,授权程序往往需要依赖用户信息数据库来进行授权判断。但是实际情况比想象的更复杂:AWS 将来有可能会更换数据库方案,从而迫使应用程序更换数据存储引擎,甚至有可能使得 AWS Lambda 函数无法实现授权功能,而不得不采用老式的 MVC 框架来实现。不难想象,在一个应用软件的各个业务逻辑模块中,权限验证操作是无处不在的。改变数据库方案,会造成很多业务逻辑程序随之改变,显然这样的程序结构设计是非常不恰当的。为了解决这个问题,需要将所有与用户和权限有关的功能分离出来,单独实现,以便让其他模块共享这部分功能。这些功能包括新用户注册、令牌提取等。

为了实现上述目的,本章将编写一个服务:用户管理服务,然后通过依赖注入,使得其他 AWS Lambda 函数可以使用该服务。本书将使用谷歌的轻量级 DI 框架 Guice 作为依赖注入框架。该框架也支持 JSR-330 标准。

> Java 平台的 JSR-330 标准为依赖注入定义了一系列标准注解,例如 @Inject 和 @Provider 接口等。使用标准注解的好处是,在不修改源代码的前提下,让应用程序可以改用任何符合标准的 DI 框架而仍然正常工作。

本章将涵盖以下内容:

❑ 创建用户管理服务
❑ 配置 Guice 框架
❑ 使用依赖注入编写 Lambda 处理程序类⊖

⊖ 可参考第 1 章 1.2.3 节中对 WS Lambda 函数入口方法类的介绍。——译者注

- 增加日志功能
- 服务的依赖关系

4.1 创建用户管理服务

首先创建用户管理服务。第一步是实现一个方法，根据输入的令牌字符串返回一个 User 对象。如果无法在用户信息数据库中找到指定的令牌，则该方法抛出 UserNotFoundException 异常。将来所有使用用户管理服务的 AWS Lambda 函数都需要捕获该异常，并且相应地返回拒绝信号。

用户管理服务可以使用前面章节中学过的方法来创建。请执行以下命令在 settings.gradle 文件中添加新模块的名称：

```
$ echo "include 'services-user'" >> settings.gradle
```

然后执行以下命令为新模块创建子目录：

```
$ mkdir -p services-user/src/main/java/com/serverlessbook/services/user
```

接下来创建 User 类。该类是一个简单的 POJO 类，其对象对应了应用程序的用户，具有 ID、电子邮箱和用户名属性。请执行下面命令创建 domain 包以及 User.java 程序文件：

```
$ mkdir -p services-user/src/main/java/com/
  serverlessbook/services/user/domain
```

请在 User.java 程序文件中输入下面实现代码：

```
package com.serverlessbook.services.user.domain;
public class User {

  private int id;
  private String username;
  private String email;
  public int getId() {
    return id;
  }

  public User withId(int id) {
    this.id = id;
    return this;
  }
```

```
  public String getUsername() {
    return username;
  }
  public User withUsername(String username) {
    this.username = username;
    return this;
  }
  public String getEmail() {
    return email;
  }
  public User withEmail(String email) {
    this.email = email;
    return this;
  }
}
```

完成实现代码后,需要为用户管理服务创建接口 UserService。将来示例项目中的其他 AWS Lambda 函数,作为用户管理服务的使用者,都会通过这个接口使用该服务。在下面的代码中,用户管理服务将被分为 UserService 接口和它的实现类 UserServiceImpl 两部分,运行时,依赖注入框架会将具体实现部分与接口相连接。实际上,有了不变的接口,开发者可以根据需要切换不同的实现部分。甚至在做单元测试的时候,也可以临时切换为模拟实现以便将测试集中到被测单元上。在模块之间尽量多地使用抽象接口而不是具体实现的程序设计原则被称作依赖反转原则(Dependency Inversion Principle),同时也是 SOLID 原则中的"D"。[⊖]

请执行以下命令创建 UserService 接口,并输入下面代码:

```
$ touch lambda-authorizer/src/main/java/com/
serverlessbook/services/user/UserService.java
package com.serverlessbook.services.user;
import com.serverlessbook.services.user.domain.User;
public interface UserService {
  User getUserByToken(String token) throws UserNotFoundException;
}
```

在上面接口定义文件定义的包中,还需要实现一个简单的异常类:

```
package com.serverlessbook.services.user;
public class UserNotFoundException extends Exception {
```

⊖ SOLID 原则是由罗伯特・C・马丁于本世纪初提出的 5 个面向对象设计原则,即:单一功能、开闭原则、里氏替换、接口隔离和**依赖反转**。——译者注

```
    private static final long serialVersionUID = -32356695014838174171L;
}
```

有了接口和异常类后，便可完成具体实现部分的代码。最初的实现代码暂时仅仅执行抛出异常的动作：

```
package com.serverlessbook.services.user;
import com.serverlessbook.services.user.domain.User;
public class UserServiceImpl implements UserService {
    @Override
    public User getUserByToken(String token) throws UserNotFoundException {
        throw new UserNotFoundException();
    }
}
```

由于目前还没有配置数据存储层，因此暂时无法实现真正的用户管理逻辑。但是现在已经可以将上面的代码与前面章节实现的 AWS Lambda 函数相连，以便观察其执行效果。

4.2 配置 Guice 框架

在着手配置 Guice 之前，需要先将它作为独立于其他 Lambda 函数的项目依赖项添加到示例项目中。我们建议在项目的主构建文件中为 Guice 的版本号定义一个变量，以便在其他分支构建文件中使用统一的版本号。为此，请进入项目的根目录，并在 build.gradle 文件尾部添加以下代码：

```
ext {
    guiceVersion = '4.1.+'
}
```

然后为上一章编写的 lambda-authorizer 模块添加 Guice 依赖项。首先为该模块创建分支构建文件：

```
$ touch lambda-authorizer/build.gradle
```

并添加以下代码：

```
dependencies {
    compile group: 'com.google.inject', name: 'guice', version: guiceVersion
}
```

同时还需要将 services-user 服务添加为依赖项：

```
compile project(':services-user')
```

做好上述准备工作之后，便可以开始配置依赖注入。Guice 为配置依赖关系提供了一个 AbstractModule 类。我们需要继承该类，并在派生类中为用户管理服务接口及其实现模块设置关联。请执行以下命令为派生类创建程序文件：

```
$ touch lambda-authorizer/src/main/java/com/serverlessbook/
  lambda/authorizer/DependencyInjectionModule.java
```

然后将以下代码添加到文件中：

```java
package com.serverlessbook.lambda.authorizer;
import com.google.inject.AbstractModule;
public class DependencyInjectionModule extends AbstractModule {
  @Override
  protected void configure() {
  }
}
```

configure() 为抽象方法，必须在派生类中做具体的实现，因此请将下面的实现代码添加到该方法中。这段代码将 UserService 接口与 UserServiceImpl 关联起来：

```java
@Override
protected void configure() {
  bind(UserService.class).to(UserServiceImpl.class);
}
```

这是一种设置依赖的最简单的方法，它告诉 Guice 在应用程序的任何地方，每当需要通过 UserService 接口访问用户管理服务时，创建并返回 UserServiceImpl 对象实例。

接下来再看看如何在入口方法类 Handler 中使用 Guice。

4.3 使用依赖注入编写 Lambda 处理程序类

因为 AWS Lambda 运行时库对 Lambda 函数的调用总是从入口方法类 Handler 开始，所以 Handler 类的 handleRequest 方法是本书示例项目的入口点。当 AWS Lambda 运行时库需要创建应用程序的对象时，会找到 Handler 所在的类，并用默认构造函数创建对象。因此，我们可以利用构造对象的时机初始化依赖注入。此外，由于 AWS Lambda 运行时库会在创建好一个对象之后将它缓存起来，以便使其可以在多个模块之间共享和反复使用，所以虽然我们不知道什么时候会创建新对象，但可以确定的是，对依赖注入的初始化并不会在 Lambda 函数每次被调用时都发生。

首先，可以将 Guice 注入器类 Injector 的对象作为静态成员添加到 Handler 类中：

```
public class Handler extends LambdaHandler<AuthorizationInput,
AuthorizationOutput> {
  private static final Injector INJECTOR = Guice.createInjector(new
    DependencyInjectionModule());
  @Override
  public AuthorizationOutput handleRequest(AuthorizationInput input,
Context context) {
    .....
  }
}
```

然后再为用户管理服务声明一个私有的接口对象及其注入方法：

```
private UserService userService;
@Inject
public void setUserService(UserService userService) {
  this.userService = userService;
}
```

请注意上面代码中 @Inject 注解的用法：这是一个 JSR-330 注解，表明 UserService 是 Handler 类的一个依赖项，依赖注入框架需要将 UserService 对象作为参数注入 setUserService 函数中。但是仅添加注解还无法触发依赖注入动作，还需要明确要求 Guice 去解读 javac.inject 注解，并且执行依赖注入操作。为此，需要在 Handler 类的默认构造函数中添加以下代码：

```
public Handler() {
  INJECTOR.injectMembers(this);
  Objects.requireNonNull(userService);
}
```

在上述代码中，调用 injectMembers 方法以提示框架该 Handler 类需要执行依赖注入操作。而紧跟其后的 requireNonNull 方法则要求框架确保注入有效的依赖对象。完成这一步之后，在没有 AWS 运行时库的前提下，就可以使用 Junit 对依赖注入进行单元测试。下面看看如何实现这一点。

1）首先创建测试程序文件：

```
$ touch lambda-authorizer/src/test/java/com/serverlessbook/
  lambda/authorizer/HandlerTest.java
```

2)然后将下面的测试代码添加到程序文件中：

```java
package com.serverlessbook.lambda.authorizer;
import org.junit.Test;
public class HandlerTest {
  @Test
   public void testDependencies() throws Exception {
      Handler testHandler = new Handler();
   }
}
```

3)最后执行以下命令运行单元测试：

```
$ ./gradlew test
```

上述测试命令将显示测试成功的输出信息。读者也可以尝试去掉 @Inject 注解后再次测试，并查看测试失败的输出信息。

Handler 类拥有了注入的 UserService 对象之后，便可以在 handleRequest 方法中通过该对象来调用专门的用户管理服务了。handleRequest 方法会从 API 网关中获得客户端请求中的权限令牌，然后它将使用注入的服务来进行权限验证：

```java
@Override
public AuthorizationOutput handleRequest(AuthorizationInput input, Context context) {
  final String authenticationToken = input.getAuthorizationToken();
  final PolicyDocument policyDocument = new PolicyDocument();
  PolicyStatement.Effect policyEffect = PolicyStatement.Effect.ALLOW;
  String principalId = null;

  try {
    User authenticatedUser =
userService.getUserByToken(authenticationToken);
    principalId = String.valueOf(authenticatedUser.getId());
  } catch (UserNotFoundException userNotFoundException) {
    policyEffect = PolicyStatement.Effect.DENY;
  }

  policyDocument.withPolicyStatement(new PolicyStatement("execute-api:Invoke",
      policyEffect, input.getMethodArn()));
  return new AuthorizationOutput(principalId, policyDocument);
}
```

4.4　增加日志功能

在应用程序中，有时有必要将权限验证失败的情况记录到日志中。为此，本节将在 Handler 类中添加 Logger 类对象用于产生日志。首先将 Logger 对象添加为 Handler 类的静态成员变量 LOGGER：

```
private static final Logger LOGGER =
    Logger.getLogger(Handler.class);
```

然后回到 handleRequest 方法中。当权限验证失败时，getUserByToken 方法会抛出异常，并使运行进入到 catch 块内。目前为止，我们通过将 policyEffect 变量设置为 DENY 值来表明服务被拒绝。请在 catch 块内继续添加下面代码，将验证失败记录到日志中：

```
...
} catch (UserNotFoundException userNotFoundException) {
    policyEffect = PolicyStatement.Effect.DENY;
    LOGGER.info("User authentication failed for token " +
        authenticationToken);
}
....
```

接下来有必要测试目前的程序在权限验证失败时，能否按照设计执行预定的动作。为了模拟验证失败，我们需要产生一个携带错误权限令牌的 AuthenticationInput 对象。Easymock 或 Powermock 库都可以很好地帮助我们实现这个模拟测试。为了使用这些库，请在项目根目录下的 build.gradle 文件中，先将它们添加为项目依赖项：

```
allprojects {
  dependencies {
    ...
    testCompile group: 'org.easymock', 'name': 'easymock',
      'version': '3.4'
    testCompile group: 'org.powermock', name:
      'powermock-mockito-release-full', version: '1.5.+', ext: 'pom'
  }
}
```

然后在 HandlerTest 类中添加新测试项：

```
@Test
public void testFailingToken() throws Exception {
  Handler testHandler = new Handler();
  AuthorizationInput mockEvent =
    createNiceMock(AuthorizationInput.class);
  expect(mockEvent.getAuthorizationToken()).andReturn("
    INVALID_TOKEN").anyTimes();
  replay(mockEvent);

  AuthorizationOutput authorizationOutput =
    testHandler.handleRequest(mockEvent, null);
```

```
    assertEquals(PolicyStatement.Effect.DENY,
      authorizationOutput.getPolicyDocument().
      getPolicyStatements().get(0).getEffect());
}
```

最后运行测试，并且将会获得预期效果，这是因为到目前为止，handleRequest 方法对于任何令牌都只能返回 PolicyStatement.Effect.DENY。

4.5 服务的依赖关系

一个应用程序里的各个服务之间通常会有依赖关系。比如前面提到的用户信息管理服务就需要依赖存储服务作为它的数据永久化基础服务。如何才能令 Guice 正确地构造出服务之间的依赖关系图呢？

为此我们将再次求助于 JSR-330 注解。首先需要创建 UserRepository 接口以及相应的包。[注]请执行以下命令创建子目录和程序文件：

```
$ mkdir -p services-user/src/main/java/com/
 serverlessbook/services/user/repository
$ touch services-user/src/main/java/com/serverlessbook/
 services/user/repository/UserRepository.java
```

在程序文件中定义 UserRepository 接口以及接口方法：

```
package com.serverlessbook.services.user.repository;
import com.serverlessbook.services.user.domain.User;
import java.util.Optional;
public interface UserRepository {
    Optional<User> getUserByToken(String token);
}
```

然后暂时用一个没有实际功能的类 UserRepositoryDynamoDB 来实现该接口：

```
package com.serverlessbook.services.user.repository;
import com.serverlessbook.services.user.domain.User;
import java.util.Optional;
public class UserRepositoryDynamoDB implements UserRepository {
    @Override
    public Optional<User> getUserByToken(String token) {
      return Optional.empty();
    }
}
```

[注] 接口名称 UserRepository 实际上是由"用户"和"存储"两个单词组成。该接口在本书示例项目中用于根据输入的令牌来查询对应的用户信息。——译者注

这个实现类在本章中只返回空的用户对象，下一章将实现真正的数据层。

接下来需要将 UserRepositoryDynamoDB 类添加为 UserServiceImpl 类的依赖项，以便使后者将来可以基于数据存储服务实现真正的用户信息管理功能。为此需要在 UserServiceImpl 类中添加 UserRepository 类型的私有成员，然后创建构造函数以便接收和保存传入的数据存储服务，即 UserRepositoryDynamoDB 对象的引用：

```
private final UserRepository userRepository;
public UserServiceImpl(UserRepository userRepository) {
   this.userRepository = userRepository;
   Objects.requireNonNull(userRepository);
}
```

完成上述修改后，再次执行上一节中最后的测试程序，会发现测试失败。这是因为我们在 UserServiceImpl 类中，用带有 UserRepository 参数的构造函数取代了自动生成的默认构造函数，从而使 Guice 无法创建对象。实际上，如果仔细阅读测试程序输出的错误信息，会发现 Guice 已经为错误原因和解决方案提供了线索：

Could not find a suitable constructor in com.serverlessbook.services.user.UserServiceImpl. Classes must have either one (and only one) constructor annotated with @Inject or a zero-argument constructor that is not private.

（无法在 com.serverlessbook.services.user.UserServiceImpl 类中找到恰当的构造函数。该类必须或者具有一个无参数的构造函数，或者有且仅有一个具有 @Inject 注解的构造函数。）

根据 Guice 在错误信息中的提示，我们需要做两件额外的工作来解决这个问题：

1）在 UserServiceImpl 类中，为前面添加的构造函数增加 @Inject 注解，以便使 Guice 理解这是一个依赖注入点，以及构造函数的参数就是需要注入的依赖对象。

2）将 UserRepositoryDynamoDB 类声明为 UserRepository 接口类的实现类。

要使用 JSR-330 注解就需要使用 Maven 包 javax.inject: javax.inject。可以在项目根目录的构建文件 build.gradle 中，将该包添加为所有子项目的依赖项：

```
allprojects {
  dependencies {
    compileOnly group: 'javax.inject', name: 'javax.inject', version: '1'
    ...
  }
}
```

> 上述代码为该依赖项指定了 compileOnly 选项，这是因为 Guice 本身已经包含了 javax.inject 包的已编译版本，因此对于其他子项目来说，该依赖仅仅是一个可选项。如果单独编译子项目中的服务则不需要添加 JSR-330 注解，因为子项目本身并不直接使用这些注解。在这种情况下，可以将这类依赖项声明为 compileOnly 类型的依赖，从而简化 Guice 依赖关系图。

现在项目中已经有了 JSR-330 注解支持，可以为构造函数添加 @Inject 注解了：

```
@Inject
public UserServiceImpl(UserRepository userRepository) {
   this.userRepository = userRepository;
   Objects.requireNonNull(userRepository);
}
```

有了注入的数据存储服务对象后，便可进一步完善前面代码中仅仅返回空对象 Optional.empty() 的 getUserByToken 方法：

```
@Override
public User getUserByToken(String token) throws UserNotFoundException {
  return
userRepository.getUserByToken(token).orElseThrow(UserNotFoundException::new
);
}
```

如果此时尝试执行测试，则会获得下面的 Guice 错误信息：

```
No implementation for com.serverlessbook.services.user.
  repository.UserRepository was bound.  while locating
  com.serverlessbook.services.user.repository.UserRepository
```

没有为 com.serverlessbook.services.user.repository.UserRepository 接口绑定实现类。

为此，需要在 DependencyInjectionModule 类中将 UserRepositoryDynamoDB 类声明为 UserRepository 接口类的实现类：

```
@Override
protected void configure() {
    bind(UserService.class).to(UserServiceImpl.class);
    bind(UserRepository.class).to(UserRepositoryDynamoDB.class);
}
```

经过上述最后的修改，测试程序终于能够显示测试成功的信息了。因为现在 Guice 可以找到所有所需的依赖项，并将它们注入必要的地方去。

本章到目前为止尚未重新部署过任何对程序的修改，现在可以部署了。部署成功后，可以用以下命令测试"serverless"令牌是否能够被云端服务接受：

```
$ curl -H "Authorization: Bearer serverless"
  https://serverlessbook.merkurapp.com/test?value=hello+world
  {"Message":"User is not authorized to access this resource"}
```

通过本节所使用的依赖注入方法，我们以尽可能松散的耦合度，将项目中的不同部分联系在了一起。在本书的后面章节中，将使用 DynamoDB 作为数据存储层。但是假如将来需要改用其他数据库来实现存储服务，我们无需碰触项目中任何其他模块，仅仅需要在依赖注入设置中修改一行配置即可。

4.6 总结

本章讲述了如何在 AWS Lambda 环境中使用依赖注入设计模式。至此，示例项目中的权限验证 Lambda 函数已经建立在可共享的下层服务基础之上了。数据存储层目前还没有与真正的数据库引擎相连，因此下一章将要介绍 DynamoDB 数据库，学习如何将 Java 对象存储到 DynamoDB 的表格中。

第 5 章

数据持久化

本书前面几章已经介绍了很多在 Serverless 环境中设计的核心思路，并探讨了其基本原理。在本章中，会举例介绍一个论坛应用程序，其中会包含用于用户创建、创建条目和读取的**端点**，更重要的是会介绍数据持久化到数据存储层中。这个应用程序的数据存储引擎选定的是 AWS 的无结构化数据引擎 DynamoDB。本章会介绍如下主题：

- 使用 CloudFormation 创建 DynamoDB 表
- 将环境变量注入 Lambda 函数
- 创建带有复杂的输入和输出类型的端点

5.1 DynamoDB 介绍

正如 AWS 文档所述，Amazon DynamoDB 是一个全托管的 NoSQL 数据库服务，能够提供快速可预测的性能，具有无缝可扩展性。使用 Amazon DynamoDB，不需要考虑数据库引擎的管理方面的问题；可以创建表，定义要用于搜索数据的索引，并使用支持多编程语言的 SDK。DynamoDB 表可以根据需要弹性伸缩，调用者只需调整预留的吞吐能力就够了。

使用 DynamoDB 需要用到表、记录和属性，接下来简单介绍这些概念：

- **表**：与其他数据库系统类似，DynamoDB 将数据存储在不同的表中。例如，本书用例中会用到三个表：Tokens、Users 和 Threads，分别存储三种不同的数据类型。
- **记录**：记录类似于关系型数据库中的行。每张表存储的记录数目几乎不受限制。例如，在 Users 表中，每一个用户可以用一条记录来存储。
- **属性**：每条记录有一个或者多个属性。属性可以是原始数据类型或嵌套的 JSON 格式的文档。除索引的属性之外，DynamoDB 表不限定任何数据结构，因此同一张表中可以容纳不同类型的数据属性。

DynamoDB 的一个非常重要的概念是索引，在 DynamoDB 术语中也称为键。键帮助 DynamoDB 引擎将记录合理地分配到物理存储，并且当用户想要通过键搜索数据时也起到重要作用。创建新的 DynamoDB 表后，必须指定一个属性作为主键。主键用于区分不同的记录，并帮助 DynamoDB 内部引擎定位记录的物理位置。主键有两种类型：

- **分区键**：分区索引是每条记录必需有的主索引。DynamoDB 用分区索引来确定记录的物理位置。实际上，可以把它认为是 RDBMS 中的主索引。对于一个 Users 表来说，UserId 属性最适合成为分区索引。
- **分区键和排序键**：在此类型的键中可以定义两个属性作为键的成员：一个是分区键，另一个是排序键。具有相同分区键的记录存储到相同的物理分区，排序键可与分区键一起用于查询数据。例如，在存储论坛帖子的表中，threadId 可以是分区键，日期属性可以是排序键。

> 分区键也称为散列键（hash key），排序键可以称为范围键（range key）。你将在以下几节中看到 AWS SDK 中对此的描述。

DynamoDB 还提供了另一种类型的索引，称为辅助索引。DynamoDB 支持两种类型的辅助索引：

- **全局辅助索引**：这是一个具有分区键和排序键的索引，可以与基本表上的不同。全局辅助索引被认为是"全局"的，因为索引上的查询可跨越所有分区的基本表中的所有数据。
- **本地辅助索引**：这种索引具有与基本表相同的分区键，但是可以定义不同的排序键。本地辅助索引之所以称为"本地"，是因为将本地辅助索引的每个索引范围限定为具有相同分区键值的基本表分区。

这两种类型的索引之间的关键区别在于本地辅助索引可以与主键一起创建，而全局辅助索引可以独立创建。

DynamoDB 是弹性可扩展的。DynamoDB 具有几乎无限的可扩展性，它的读/写容量仅制约于为每个表配置的吞吐量。在 DynamoDB 中，可以按照容量单位设定所需的吞吐量需求。一个单位的读能力代表每秒一次强一致性读，或者每秒两次的一致性读，阅读记录大小上限为 4KB。一个写入容量单位表示每秒写入一次大小最大为 1KB 的记录。根据所需的大概容量对每个表进行合理容量设置，DynamoDB 将保证所设置的吞吐量。AWS 基于购买的容量收费。只要表已经上线，即使购买的容量未被使用，也会按照购买的容量收费。因此，最好实时监控 DynamoDB 的使用情况，并调整购买的容量来节省成本。关于吞吐量和辅助索引有一个需要关注的地方：本地辅助索引使用表的预留容量，而全局辅助索引的吞吐量需要单独购买。这就是为什么每个索引需求需要仔细审核，避免创建过多的全局辅助索引带来额外的开销。

有关 DynamoDB 的更多讨论，请参阅 AWS 文档。接下来会介绍一些其他方面的内容。

5.2 创建第一张表

在上一章中，创建的是一个没有数据库层支持的 API 接收器。现在要在 DynamoDB 上创建两张表：User 表和 Token 表。根据名称可以知道，这两张表分别存储用户信息和访问令牌。

把如下代码添加到 CloudFormation 模板的 Resources 部分，创建 UserTable 表：

```
"UserTable": {
  "Type": "AWS::DynamoDB::Table",
  "Properties": {
    "AttributeDefinitions": [
      {
        "AttributeName": "UserId",
        "AttributeType": "S"
      }
    ],
    "KeySchema": [
      {
        "AttributeName": "UserId",
        "KeyType": "HASH"
      }
    ],
    "ProvisionedThroughput": {
      "ReadCapacityUnits": 1,
      "WriteCapacityUnits": 1
    }
  }
}
```

在上述代码中，UserId 属性定义为 S，这代表字符串。这可能会令人疑惑，通常 UserId 使用数字属性。那是因为在 DynamoDB 中，没有自增属性，UserId 存储为 UUID 格式（如 123e4567-e89b-12d3-a456-426655440000），UUID 是以字符串格式生成随机的 UUID 字符串来替代自增数字属性。在前几章中，创建一个 User 对象时，Id 也是字符串属性的。

为什么只有 UserId 定义了属性的类型呢？

那是因为 DynamoDB 强制主键的属性类型必须被定义。对于 User 表，主键是 UserId，必须定义其属性类型。而为此表添加其他属性，则不需要在创建表时强制定义属性类型。在 KeySchema 部分，UserId 将被定义为哈希键（hash key），是每个用户的唯一键。

UserTable 表不需要创建辅助索引，所以先跳过它。

ProvisionedThroughput 属性用于定义购买的吞吐量，现在将其读取和写入设置为 1。在生产环境中，可以对此属性依据需要调整。

5.2.1 创建第二张访问令牌的表

在部署和创建第一张表之前,最好一并创建第二张表,用于存储访问令牌:

该表将存储 UserId 和 Token 值,主索引为 Token 的值:

```
"TokenTable": {
  "Type": "AWS::DynamoDB::Table",
  "Properties": {
    "AttributeDefinitions": [
      {
        "AttributeName": "Token",
        "AttributeType": "S"
      }
    ],
    "KeySchema": [
      {
        "AttributeName": "Token",
        "KeyType": "HASH"
      }
    ],
    "ProvisionedThroughput": {
      "ReadCapacityUnits": 1,
      "WriteCapacityUnits": 1
    }
  }
}
```

创建完这两张表之后,需要修改 LambdaPolicy 变更表的访问权限。在 LambdaCustomPolicy 中用以下代码替换:

```
"LambdaCustomPolicy": {
  "Type": "AWS::IAM::Policy",
  "Properties": {
    "PolicyName": "LambdaCustomPolicy",
    "PolicyDocument": {
      "Version": "2012-10-17",
      "Statement": [
        {
          "Effect": "Allow",
          "Action": [
            "dynamodb:BatchGetItem",
            "dynamodb:BatchWriteItem",
            "dynamodb:DeleteItem",
            "dynamodb:GetItem",
            "dynamodb:GetRecords",
            "dynamodb:GetShardIterator",
            "dynamodb:ListTables",
            "dynamodb:PutItem",
            "dynamodb:Query",
            "dynamodb:Scan",
            "dynamodb:UpdateItem"
```

```
          ],
          "Resource": [
            {
              "Fn::Sub": "arn:aws:dynamodb:${AWS::Region}:
                 ${AWS::AccountId}:table/${TokenTable}*"
            },
            {
              "Fn::Sub": "arn:aws:dynamodb:${AWS::Region}:
                 ${AWS::AccountId}:table/${UserTable}*"
            }
          ]
        }
      ]
    },
    "Roles": [
      {
        "Ref": "LambdaExecutionRole"
      }
    ]
  }
}
```

这段代码的功能是增加 Lambda 函数对 User 表和 Token 表做读写操作权限，对于以后新增的表，也需要在 IAM 策略中做同样的操作。

创建表之后就可以开始编写 Java 代码了。第一步创建一个名为 repository-dynamodb 的新模块，为其他服务做 DynamoDB 数据层的操作。重复之前介绍的步骤，创建一个新模块：

```
$ mkdir -p repository-dynamodb/src/main/java/
  com/serverlessbook/repository
$ echo "include 'repository-dynamodb'" >> settings.gradle
```

在新的模块中，新建一个名为 build.gradle 文件，并把 DynamoDB SDK 添加到这个模块：

```
dependencies {
  compile group: 'com.amazonaws', name: 'aws-java-sdk-dynamodb',
    version: awsSdkVersion}
```

很显然，这些还不够，因为 awsSdkVersion 还没有在项目中定义。在 build.gradle 根文件中，需要加上 awsSdkVersion 这个变量：

```
ext {
   guiceVersion = '4.1.+'
   awsSdkVersion = '1.11.+'
}
```

这样定义可以保证 DynamoDB SDK 能够在所有服务模块中引用，当然也包括 repository-dynamodb 模块。

接下来为用户管理服务创建一个 build.gradle 文件，并且把新建的模块作为用户管理服务的依赖添加进去。步骤如下：

```
$ touch services/build.gradle
```

然后将 repository-dynamodb 的依赖关系添加到文件中：

```
dependencies {
    compile project(':repository-dynamodb')
}
```

现在，用户管理服务通过配置知道了 DynamoDB SDK，它就可以使用 DynamoDB 的功能了。

5.2.2 配置 DynamoDB 数据映射器

DynamoDB SDK 只为 Java 提供了非常易用的对象映射功能。它与 JPA 非常相似，并提供了一组注释，将普通 Java 对象映射到 DynamoDB 记录。对于这个项目而言，使用这个映射器可以更容易地在 DynamoDB 上读取和写入数据。该映射器与 DynamoDB SDK 捆绑在一起，因此不需要添加任何其他依赖关系。现在开始创建一个新的对象 Token，它将填充 Token 表，并用 DynamoDB 映射注释进行装饰。首先，在 com.serverlessbook.services.user.domain 包下创建一个新文件：

```
$ touch services-user/src/main/java/com/serverlessbook/
  services/user/domain/Token.java
```

用下面的代码创建这个类：

```
package com.serverlessbook.services.user.domain;
public class Token {
    private String token;
    private String userId;
    public String getToken() {
        return token;
    }
    public void setToken(String token) {
        this.token = token;
    }
    public String getUserId() {
        return userId;
```

```
    }
    public void setUserId(String userId) {
      this.userId = userId;
    }
}
```

用如下方法把这两个属性映射到 DynamoDB 的记录：

```
package com.serverlessbook.services.user.domain;
import com.amazonaws.services.dynamodbv2.datamodeling.DynamoDBAttribute;
import com.amazonaws.services.dynamodbv2.datamodeling.DynamoDBHashKey;
public class Token {
  @DynamoDBHashKey(attributeName = "Token")
  private String token;
  @DynamoDBAttribute(attributeName = "UserId")
  private String userId;
  public String getToken() {
    return token;
  }
  public void setToken(String token) {
    this.token = token;
  }
  public String getUserId() {
    return userId;
  }
  public void setUserId(String userId) {
    this.userId = userId;
  }
}
```

由此可以看出，这些注释把 Java 属性标记为 DynamoDB **属性**，其中 token 的属性标记为 DynamoDBHashKey，因为 token 是这个表的主键。

细心的读者可能已经注意到，在注释中没有指定表的名称，例如 JPA 的 @Table 注释。实际上，在 DynamoDB 中有一个叫作 @DynamoDBTable 的注释，这个注释期望表名是硬编码（hardcoded）的。但这种方式并不适合这里介绍的例子，因为 CloudFormation 模板使用随机字符串作为表名。当然也可以在 CloudFormation 中硬编码表名，并且在 @DynamoDBTable 注释中使用这些表名。然而在接下来介绍的范例中，会介绍另一种动态表名。表名会作为环境变量注入 Lambda 函数中来提供**动态**表名，同时通过配置 DynamoDB 客户端，使用者可以解析环境变量重的对象来获取动态表名。

5.2.3 配置 Lambda 环境变量

现在可以在 repository-dynamodb 模块中实现这个功能了。首先要知道所有的

DynamoDB 操作都是由 com.amazonaws.services.dynamodbv2.datamodeling.DynamoDBMapper 的实例执行的。这个类是可扩展、可配置的，其中一个配置是表名解析器类，实现 com.amazonaws.services.dynamodbv2.datamodeling.DynamoDBMapperConfig.TabNameResolver 接口。接下来为 DynamoDBMapper 创建一个子类，并用新的表名解析器 EnvironmentVariableTableNameResolver 来配置它，在需要 DynamoDBMapper 实例的时候，注入新加的 DynamoDBMapper 实现。

在 repository-dynamodb 模块中，创建 EnvironmentVariableTableNameResolver 这个类：

```
$ touch repository-dynamodb/src/main/java/com/serverlessbook/
  repository/EnvironmentVariableTableNameResolver.java
```

这个类实现如下：

```java
package com.serverlessbook.repository;
import com.amazonaws.services.dynamodbv2.datamodeling.DynamoDBMapperConfig;
import com.amazonaws.services.dynamodbv2.datamodeling.DynamoDBMapperConfig.
  TableNameResolver;
import com.amazonaws.services.dynamodbv2.datamodeling.DynamoDBMappingException;
public class EnvironmentVariableTableNameResolver implements
TableNameResolver {
  @Override
  public String getTableName(Class<?> clazz, DynamoDBMapperConfig config){
    String environmentVariableName = "DynamoDb" + clazz.getSimpleName() +
      "Table";
    String tableName = System.getenv(environmentVariableName);
    if (tableName == null) {
      throw new DynamoDBMappingException("DynamoDB table name for " + clazz
+ " cannot be determined. " + environmentVariableName + " environment
variable should be set.");
    }
    return tableName;
  }
}
```

很明显，这个方法获取到类的名称，并返回 DynamoDB 表的名称。这个示例介绍的是以 DynamoDbCLASS_NAMETable 格式搜索一个环境变量。例如，对于 Token 类，环境变量应该是 DynamoDbTokenTable。如果是未解析类（unsolved class），会很快地抛出异常并运行失败。以下几节，把通过 CloudFormation 把这些环境变量传递给 Lambda 函数。

现在可以使用之前的表名解析器来实现自定义的 DynamoDBMapper 类。用下边例子新建文件：

```
$ touch repository-dynamodb/src/main/java/com/
  serverlessbook/repository/DynamoDBMapperWithCustomTableName.java
```

文件中包含如下内容来实现它的功能：

```java
package com.serverlessbook.repository;
import com.amazonaws.services.dynamodbv2.AmazonDynamoDBClient;
import com.amazonaws.services.dynamodbv2.datamodeling.DynamoDBMapper;
import com.amazonaws.services.dynamodbv2.datamodeling.
  DynamoDBMapperConfig;
import javax.inject.Inject;

public class DynamoDBMapperWithCustomTableName extends DynamoDBMapper {
  @Inject
  public DynamoDBMapperWithCustomTableName(AmazonDynamoDBClient
    amazonDynamoDBClient) {
      this(amazonDynamoDBClient, new EnvironmentVariableTableNameResolver());
  }
  public DynamoDBMapperWithCustomTableName(AmazonDynamoDBClient
    amazonDynamoDBClient,
    DynamoDBMapperConfig.TableNameResolver tableNameResolver) {
      super(amazonDynamoDBClient, DynamoDBMapperConfig
        .builder()
        .withTableNameResolver(tableNameResolver)
        .build());
  }
}
```

使用该新建类来定义一个依赖注入 bean。在 authorization Lambda 中打开 Dependency InjectionModule 这个类并添加如下定义：

```java
@Override
protected void configure() {
  //other definitions
  bind(DynamoDBMapper.class).to(DynamoDBMapperWithCustomTableName.class);
}
```

这个定义是用来确保每当依赖类需要一个新的 DynamoDBMapper 实例时，立即创建一个新的 DynamoDBMapperWithCustomTableName 实例，并注入所需的类中。

现在可以将这个新创建的依赖注入 UserRepositoryDynamoDB 类中，该类位于 services-user 模块中。用以下代码替换这个类的内容：

```java
package com.serverlessbook.services.user.repository;

import com.amazonaws.services.dynamodbv2.datamodeling.DynamoDBMapper;
```

```
import com.serverlessbook.services.user.domain.User;
import javax.inject.Inject;
import java.util.Optional;

public class UserRepositoryDynamoDB implements UserRepository {
  private final DynamoDBMapper dynamoDBMapper;

  @Inject
  public UserRepositoryDynamoDB(DynamoDBMapper dynamoDBMapper) {
    this.dynamoDBMapper = dynamoDBMapper;
  }

  @Override
  public Optional<User> getUserByToken(String token) {
    return Optional.empty();
  }
}
```

现在已经有了必要的依赖来查询 DynamoDB 中的 token。在实现这个功能之前，用 DynamoDB 注释来注释 User 类。用以下代码替换 User 类的现有内容：

```
package com.serverlessbook.services.user.domain;

import com.amazonaws.services.dynamodbv2.datamodeling.DynamoDBAttribute;
import com.amazonaws.services.dynamodbv2.datamodeling.DynamoDBHashKey;

public class User {

  @DynamoDBHashKey(attributeName = "UserId")
  private String id;

  @DynamoDBAttribute(attributeName = "Username")
  private String username;

  @DynamoDBAttribute(attributeName = "EMail")
  private String email;

  public String getId() {
    return id;
  }

  public User withId(String id) {
    this.id = id;
    return this;
  }

  public String getUsername() {
    return username;
  }

  public User withUsername(String username) {
    this.username = username;
    return this;
  }
```

```java
  public String getEmail() {
    return email;
  }

  public User withEmail(String email) {
    this.email = email;
    return this;
  }
}
```

现在在所有准备工作做完之后,可以在 UserRepositoryDynamoDB 类中实现 getUserByToken 方法:

```java
@Override
public Optional<User> getUserByToken(String token) {
  Token foundTokenInDynamoDB = dynamoDBMapper.load(Token.class, token);
  if (foundTokenInDynamoDB != null) {
    // Token found in DynamoDb, try to fetch the user in a second query
    return Optional.ofNullable(dynamoDBMapper.load(User.class,
      foundTokenInDynamoDB.getUserId()));
  }
  // Token not found, return empty.
  return Optional.empty();
}
```

在这里,启动两个 DynamoDB 查询,但是由于 DynamoDB 的 Java 独有的映射功能,并不需要关注 DynamoDB 内部实现。

前文中已经提过 handler 使用这个服务来查询 token,而且还有一个测试用例名为 com.serverlessbook.lambda.authorizer.HandlerTest,用来测试 token 是否有效。做完之前的所有修改,就可以使用 ./gradlew test 这个命令运行测试,不出意外,会看到如下输出,表明测试失败:

```
:lambda-test:compileJava
:lambda-test:classes
:lambda-test:compileTestJava UP-TO-DATE
:lambda-test:testClasses UP-TO-DATE
:lambda-test:test UP-TO-DATE
:lambda-authorizer:classes
:lambda-authorizer:compileTestJava
:lambda-authorizer:testClasses
:lambda-authorizer:test

com.serverlessbook.lambda.authorizer.HandlerTest > testFailingToken FAILED
    com.amazonaws.services.dynamodbv2.datamodeling.DynamoDBMappingException at HandlerTest.java:27

2 tests completed, 1 failed
:lambda-authorizer:test FAILED

FAILURE: Build failed with an exception.
```

这是因为表名解析器正在环境变量中查询 DynamoDB 表名，这个表名还没有注入 Lambda 函数。为了让测试通过，这些环境变量需要赋给本地的 JVM。使用 Gradle 传递变量很容易，但具有挑战性的环节是在 CloudFormation 模板中查找表名，并将其作为环境变量的值。为此，Gradle 脚本需要重新编写。

首先，打开主 build.gradle 文件，并将此函数添加到最后：

```
import com.amazonaws.auth.DefaultAWSCredentialsProviderChain
import com.amazonaws.regions.Region
import com.amazonaws.regions.Regions
import com.amazonaws.services.cloudformation.AmazonCloudFormationClient
import com.amazonaws.services.cloudformation.model.DescribeStackResourcesRequest
def getDynamoDbTableNamesFromCloudformationStack(stackName) {
  return Region.getRegion(Regions.fromName(aws.region))
   .createClient(AmazonCloudFormationClient.class, new
   DefaultAWSCredentialsProviderChain(), null)
   .describeStackResources(new
DescribeStackResourcesRequest().withStackName(stackName))
   .getStackResources().findAll { stackResource ->
stackResource.getResourceType() ==
     "AWS::DynamoDB::Table" }
}
```

这个功能借用 AWS SDK（Gradle 本身也提供这样的功能）扫描在 CloudFormation 栈中创建的所有资源，并过滤所有在该栈中创建的所有 DynamoDB 表。

赞美 Groovy 语言，Groovy 语言的魅力在于让 JVM 上的编程变得如此简单。

现在可以添加代码来使用这个函数的输出，并且用它来设置环境变量。在 build.gradle 文件末尾处，添加如下代码块：

```
subprojects {
  test {
    getDynamoDbTableNamesFromCloudformationStack(cloudFormation.
     stackName).each {
      environment 'DynamoDb' + it.getLogicalResourceId(),
        it.getPhysicalResourceId()
    }
  }
}
```

很明显，这段代码使用栈资源的逻辑资源 ID 来生成环境变量名。这里需要记得在 CloudFormation 模板中创建了两张名为 UserTable 和 TokenTable 的表。这个函数创建了两个名为 DynamoDbUserTable 和 DynamoDbTokenTable 的环境变量，并将其值设为 AWS 随机创建的物理表名。

现在可以再运行一下测试脚本，相信测试会顺利通过。

下一步是使用 CloudFormation 将这些环境变量添加到 Lambda。AWS::Lambda::Function 资源类型包含此 Environment 属性，现在编辑 AuthorizerLambda，并把环境变量添加到 Lambda 函数中：

```
"AuthorizerLambda": {
  "Type": "AWS::Lambda::Function",
  "Properties": {
    .
    .
    "Environment": {
      "Variables": {
        "DynamoDbTokenTable": {
          "Ref": "TokenTable"
        },
        "DynamoDbUserTable": {
          "Ref": "UserTable"
        }
      }
    }
  }
}
```

现在开始部署这个程序并尝试一下访问新建的 API：

```
$ curl -H "Authorization: Bearer serverless"
https://serverlessbook.example.com/test? value=hello+world
{"Message":"User is not authorized to access this resource"}
```

这个意料之外的错误返回，是在测试中应用程序在 DynamoDB 中寻找令牌，返回用户未被授权的错误，错误原因是该表不存在所需要的 token。在下一节中，会讲到如何添加用户注册和 token 端点。现在为了测试，可以手动添加此 token 和测试用户，来测试授权器（authorizer）是否正常工作。当然，使用 AWS CLI 来添加必要的记录并查看结果是一个很好的选择。可以使用以下两个命令为该用户创建测试用户和 token：

```
$ aws dynamodb put-item \
  --region us-east-1 \
  --table-name serverlessbook-UserTable-1J77C8QJV8UJA \
  --item '{"UserId": {"S": "1234-1234-1234-1234"},
    "Username": {"S": "Test User"},
    "EMail": {"S": "test@test.com"}}'
```

```
$ aws dynamodb put-item \
  --region us-east-1 \
  --table-name serverlessbook-TokenTable-14B7FBB85X1TB \
  --item '{"UserId": {"S": "1234-1234-1234-1234"},
    "Token": {"S": "serverless"}}'
```

每个表名都是随机生成的字符串,要想知道精确的表的名称,需要到 AWS 控制台去查看表名,或者用 AWS CLI 搜索栈。添加记录之后,再次使用 AWS CLI 检查一下,是否将所需的记录添加到表中。现在,可以尝试再次访问 API:

```
$ curl -H "Authorization: Bearer serverless"
  https://serverlessbook.merkurapp.com/test?value=hello+world
  {"value":"hello world"}
```

漂亮!现在我们无需维护任何服务器和数据库系统就可以使用一个好用的认证系统。

5.2.4 用户注册

在本节中,会在应用中添加用户注册功能。首先,需要考虑应用中,对于用户注册需要设定哪些限制:

- 每个用户只能有一个全局唯一的电子邮箱
- 每个用户必须有一个全局唯一的用户名
- 电子邮箱必须是有效的

如果其中任何一个检查失败,该请求会被拒绝。对于第一个和第二个限制检查失败,返回 409 冲突 HTTP 代码,而对于最后一个,必须返回 400 错误请求。API 网关使用异常作为状态代码。这意味着应用程序需要为每个用例返回异常,这样可以将这些异常映射到 API 网关级的 HTTP 错误代码。

从业务逻辑的角度来看,最后的需求最容易实现,可以通过添加一个简单的正则表达式来检查客户端给出的电子邮件地址的有效性。另一方面,前两个检查需要访问数据库并检查现有记录。在这个阶段的问题是用户名和电子邮箱属性的索引还没有创建,因此,唯一的实现是遍历整张表。遍历整张表是一个相当昂贵的操作,特别是当表中已经有很多数据时。所以在开始添加其他业务逻辑之前,必须修改表为用户名和电子邮件属性创建索引。

把 UserTable 替换为以下内容，这部分代码把 UsernameIndex 作为 Global Secondary Index(GSI) 添加到表中：

```
"UserTable": {
  "Type": "AWS::DynamoDB::Table",
  "Properties": {
    "AttributeDefinitions": [
      {
        "AttributeName": "UserId",
        "AttributeType": "S"
      },
      {
        "AttributeName": "Username",
        "AttributeType": "S"
      }
    ],
    "KeySchema": [
      {
        "AttributeName": "UserId",
        "KeyType": "HASH"
      }
    ],
    "GlobalSecondaryIndexes": [
      {
        "IndexName": "UsernameIndex",
        "KeySchema": [
          {
            "AttributeName": "Username",
            "KeyType": "HASH"
          }
        ],
        "Projection": {
          "ProjectionType": "ALL"
        },
        "ProvisionedThroughput": {
          "ReadCapacityUnits": 1,
          "WriteCapacityUnits": 1
        }
      }
    ],
    "ProvisionedThroughput": {
      "ReadCapacityUnits": 1,
      "WriteCapacityUnits": 1
    }
  }
}
```

首先需要注意的是，Username 需要添加到 AttributeDefinitions 部分。在本例中，对于任何具有索引的属性都需要这么做，因为 DynamoDB 需要知道这个属性的类型 upfront-String。接下来，定义一个 Username 属性类型为 HASH 的 GSI，将 Projection 调整为 ALL，这意味着当使用该索引查询表时，它将遍历所有文档，然后设置读写的吞吐容量。为了更好地了解索引如何工作，强烈建议参考 AWS 文档，但对于本文的用例，这些配置就足够了。有可能有人会对为什么这里又定义了新的容量产生疑问。这是因为全局辅助索引可以被认为是另一个单独的表，并且具有自己的读写能力，需要单独配置容量。当然，每个额外的索引都会带来额外的消耗，准确地预测索引的潜在用量并设置相应的吞吐容量是必要的。

> 在创建另一个索引之前，要先部署项目。AWS 有一个有趣的限制：同一时间只能添加一个 global secondary index（GSI）。如果现在添加第二个索引并尝试一次性部署所有更改，部署就会失败。这就是为什么应该现在进行部署，等部署完成后再创建其他 GSI。

现在需要的第二个索引是 EmailIndex。它与 UsernameIndex 几乎相同，在属性定义中，添加以下内容：

```
{
    "AttributeName": "Email",
    "AttributeType": "S"
}
```

将此定义添加到 GSI：

```
{
    "IndexName": "EmailIndex",
    "KeySchema": [
        {
            "AttributeName": "Email",
            "KeyType": "HASH"
        }
    ],
    "Projection": {
        "ProjectionType": "ALL"
    },
    "ProvisionedThroughput": {
        "ReadCapacityUnits": 1,
        "WriteCapacityUnits": 1
    }
}
```

现在开始部署创建第二个索引。

索引已经准备就绪，现在可以继续修改应用程序，从 UserReposiory 程序开始。在 UserRepository 程序中，需要诸如 getUserByEmail、getUserByUsername 和 saveUser 方法。前两个方法是使用不同的搜索条件从 DynamoDB 中获取用户记录，最后一个的功能是保存新用户或者更新现有用户。

DynamoDB Mapper 支持通过 GSI 索引搜索，这个功能节省了开发的时间。通过创建一个注释，让 DynamoDB Mapper 知道哪条属性对应于 GSI。如果需要，可以为这些索引修改 User 类。变更不大，只需要按如下方式更改字段定义：

```java
public class User {
  ......
  @DynamoDBIndexHashKey(globalSecondaryIndexName = "UsernameIndex",
      attributeName = "Username")
  private String username;

  @DynamoDBIndexHashKey(globalSecondaryIndexName = "EmailIndex",
      attributeName = "Email")
  private String email;
  ......
}
```

现在可以在 UserRepository 接口新建 3 个新的方法：

```java
public interface UserRepository {
  ......
  Optional<User> getUserByEmail(String email);
  Optional<User> getUserByUsername(String username);
  void saveUser(User user);
}
```

现在可以实现这些方法。先从 saveUser 方法开始，这个方法只需要一行：

```java
public class UserRepositoryDynamoDB implements UserRepository {
  ......
  @Override
  public void saveUser(User user) {
      dynamoDBMapper.save(user);
  }
}
```

现在开始实现其他部分。通过 GSI 搜索和使用主索引搜索有一点点不同，需要实现一个新的方法来获取索引名称，其参数为索引名和查询条件，并返回结果。现在，将此方法添加到 UserRepositoryDynamoDB 类中：

```java
public class UserRepositoryDynamoDB implements UserRepository {
  ......
```

```java
public Optional<User> getUserByCriteria(String indexName,
 User hashKeyValues) {
    DynamoDBQueryExpression<User> expression = new
      DynamoDBQueryExpression<User>()
    .withIndexName(indexName)
    .withConsistentRead(false)
    .withHashKeyValues(hashKeyValues)
    .withLimit(1);

    QueryResultPage<User> result = dynamoDBMapper.queryPage(User.class,
      expression);
    if (result.getCount() > 0) {
      return Optional.of(result.getResults().get(0));
    }
    return Optional.empty();
  }
}
```

用这种方法，可以非常容易地通过 username 或者 email 获取用户记录。接下来，添加这两个方法来实现它：

```java
@Override
public Optional<User> getUserByEmail(String email) {
  return getUserByCriteria("EmailIndex", new User().setEmail(email));
}

@Override
public Optional<User> getUserByUsername(String username) {
  return getUserByCriteria("UsernameIndex", new
    User().setUsername(username));
}
```

新加一个测试用例来验证我们的存储库是否工作正常非常方便。现在，用下边的命令创建一个测试目录：

```
$ mkdir -p services-user/src/test/java/com/
  serverlessbook/services/user/repository
```

接下来，用以下代码创建 UserRepositoryDynamoDBTest.java 文件：

```java
package com.serverlessbook.services.user.repository;

import com.amazonaws.services.dynamodbv2.AmazonDynamoDBClient;
import com.serverlessbook.repository.DynamoDBMapperWithCustomTableName;
import com.serverlessbook.services.user.domain.User;
import org.junit.Test;
import java.util.Optional;
import java.util.UUID;
import static org.junit.Assert.*;

public class UserRepositoryDynamoDBTest {
  private UserRepository getUserRepository() {
```

```
        return new UserRepositoryDynamoDB(new
DynamoDBMapperWithCustomTableName(
            new AmazonDynamoDBClient()));
    }

    @Test
    public void saveAndRetrieveUser() throws Exception {
        final String email = "test@test.com";
        final String password = "test-password";
        final String username = "test-username";
        final String id = UUID.randomUUID().toString();

        User newUser = new User()
         .setEmail(email)
         .setUsername(username)
         .setId(id);

        getUserRepository().saveUser(newUser);
        assertEquals(email, getUserRepository().getUserByEmail
          (email).orElseThrow(RuntimeException::new).getEmail());
        assertEquals(username,getUserRepository().getUserByUsername
          (username).orElseThrow(RuntimeException::new).getUsername());
    }
}
```

很容易发现，这个测试用例创建一个包含特定信息的新用户，然后尝试从 DynamoDB 中搜索到这个用户，并在查询后测试这个用户是否有效。这个测试应该会通过，测试通过证明应用程序现在工作正常。

现在开始实现业务逻辑。首先创建检查失败抛出的异常，新建一个 com.serverlessbook. services.user.exception 包，并在其下创建 UserRegistrationException 异常类：

```
package com.serverlessbook.services.user.exception;

public abstract class UserRegistrationException extends Exception {
    private static final long serialVersionUID = -7628860081079461234L;
    protected UserRegistrationException(String message) {
      super(message);
    }
}
```

这个异常类属于 UserService 抛出的基础异常，然后开始对每个用例创新子异常。新建子异常 InvalidMailAddressException：

```
package com.serverlessbook.services.user.exception;

public class InvalidMailAddressException extends
 UserRegistrationException {
    private static final long serialVersionUID = 4033382620357808779L;
```

```
  public InvalidMailAddressException() {
    super("This E-Mail address is not valid");
  }
}
```

然后使用 Java 样式的名称新建两个新的异常，第一个用来检查重复的用户名：

```
package com.serverlessbook.services.user.exception;

public class AnotherUserWithSameUsernameExistsException extends
 UserRegistrationException {
    private static final long serialVersionUID = 4824390458386666422L;
    public AnotherUserWithSameUsernameExistsException() {
      super("Another user with same username already exists.");
    }
}
```

接下来，为检查重复的 email 地址创建异常类：

```
package com.serverlessbook.services.user.exception;

public class AnotherUserWithSameEmailExistsException extends
UserRegistrationException {
    private static final long serialVersionUID = -7048567407775970663L;
    public AnotherUserWithSameEmailExistsException() {
      super("Another user with same E-Mail address already exists.");
    }
}
```

并在 UserService 中添加所需的方法：

```
public interface UserService {
  ....
  User registerNewUser(String username, String email) throws
    UserRegistrationException;
}
```

> 通常读者在这里会有疑惑，为什么不像其他流行的 Web 应用程序一样，在这里为用户设置密码。在下一章中会介绍另外一个机制，当在系统添加新用户时，将触发 Lambda 的一个功能，这个 Lambda 的功能是为新用户生成密码，并通过电子邮件将其发送给用户。为什么不在 registerNewUser 函数中实现密码的功能呢？这个问题有两个原因。首先是由于程序的原子性原则。这个方法应仅负责创建用户并将其持久地存储在数据库上。开发者可以决定注册新用户时所做的操作，而在这个例子中，注册新用户后的操作就是把密码通过一封电子邮件发送。其次如果添加用户时，希望再做 10 件其他不同的事情，

在这种情况下需要创建 10 个不同的函数,并通过 SNS(Simple Notification System)去触发它们,这个机制将在下一章中介绍。

这样做也有实际的好处。发送电子邮件或执行其他注册后流程需要时间,客户不必等待所有后续的操作完成。异步运行它们将减少注册后的等待时间,并提高响应速度。

现在实现 registerNewUser 方法:

```
@Override
public User registerNewUser(String username, String email) throws
  UserRegistrationException {
    checkEmailValidity(email);
    checkEmailUniqueness(email);
    checkUsernameUniqueness(username);

    User newUser = new User()
      .setId(UUID.randomUUID().toString())
      .setUsername(username)
      .setEmail(email);

    userRepository.saveUser(newUser);
    return newUser;
}
```

这里,需要三个方法来执行三种不同的检查:

```
private void checkEmailValidity(String email) throws
  InvalidMailAddressException {
    final String emailPattern = "^[a-zA-Z0-9.!#$%&'*+/=?^_`{|}~-
]+@((\\[[0-9]{1,3}\\.
    [0-9]{1,3}\\.[0-9]{1,3}\\.[0-9]{1,3}\\])|(([a-zA-Z\\-0-9]+\\.)+[a-zA-
Z]{2,}))$";
    if (!Pattern.compile(emailPattern).matcher(email).matches()) {
        throw new InvalidMailAddressException();
    }
}

void checkEmailUniqueness(String email) throws
AnotherUserWithSameEmailExistsException {
    if (userRepository.getUserByEmail(email).isPresent()) {
        throw new AnotherUserWithSameEmailExistsException();
    }
}

void checkUsernameUniqueness(String username) throws
  AnotherUserWithSameUsernameExistsException {
      if (userRepository.getUserByUsername(username).isPresent()) {
        throw new AnotherUserWithSameUsernameExistsException();
      }
}
```

当检查失败时，这些方法就会抛出相应的扩展异常。现在可以为这个类创建一个测试用例，确保在上传到 Lambda 之前是工作的。首先为测试用例创建基础架构：

```
package com.serverlessbook.services.user;

import com.amazonaws.services.dynamodbv2.AmazonDynamoDBClient;
import com.serverlessbook.repository.DynamoDBMapperWithCustomTableName;
import com.serverlessbook.services.user.repository.UserRepositoryDynamoDB;
import org.junit.Rule;
import org.junit.rules.ExpectedException;

public class UserServiceImplTest {
  @Rule
  public ExpectedException thrown = ExpectedException.none();
  private UserService getUserService() {
    return new UserServiceImpl(new UserRepositoryDynamoDB(new
      DynamoDBMapperWithCustomTableName(new AmazonDynamoDBClient())));
  }
}
```

现在可以为三个不同的失败用例创建三个测试用例：

```
@Test
public void failedUserRegistrationWithExistingUsernameTest() throws Exception {
    thrown.expect(AnotherUserWithSameUsernameExistsException.class);
    UserService userService = getUserService();
    final String username = UUID.randomUUID() + "test-username";
    userService.registerNewUser(username, UUID.randomUUID() + "@test.com");
    //Second call should fail
    userService.registerNewUser(username, UUID.randomUUID() + "@test.com");
}
```

第二个是用来检查是否存在重复的 email 地址：

```
@Test
public void failedUserRegistrationWithExistingEMailTest() throws Exception
{
    thrown.expect(AnotherUserWithSameEmailExistsException.class);
    UserService userService = getUserService();
    final String email = UUID.randomUUID() + "@test.com";
    userService.registerNewUser(UUID.randomUUID().toString(), email);
    //Second call should fail
    userService.registerNewUser(UUID.randomUUID().toString(), email);
}
```

最后，需要检查是否是合规的 email 地址：

```
@Test
public void failedUserRegistrationWithInvalidEmailTest() throws Exception {
    thrown.expect(InvalidMailAddressException.class);
    UserService userService = getUserService();
    userService.registerNewUser(UUID.randomUUID().toString(),
```

```
            "INVALID_EMAIL");
}
```

现在已经准备好测试了。

> 实际上，任何经验丰富的工程师都能注意到这里的测试方法有一些缺陷。这里的测试用例并不是真正的单元测试，因为使用的依赖对象是一个真实实现的应用或者因为这里的测试是基于一个实时数据库之上的，等等。所有的这些缺陷对于真正的开发都是存在的，这种测试方法最好不要用在真正的开发环境上。本书的目标是为了介绍 AWS 生态系统的特点，而不是介绍 Java 或者基本的软件开发的规范。这些测试用例仅仅可以作为一个简单的样板，在真正的生产环境中，需要考虑其他更好的结构化测试方法。

5.2.5 创建用户注册 Lambda

现在可以创建第二个真实的 Lambda 函数：用户注册 Lambda 函数。新建相应的目录结构，并且把 lambda-userregistration 模块添加到 settings.gradle 文件中，以便 Gradle 能知道这个模块：

```
$ mkdir -p lambda-userregistration/src/main/java/
  com/serverlessbook/lambda/userregistration
$ echo "include 'lambda-userregistration' " >> settings.gradle
```

需要为这个模块添加 build.gradle 文件，并为用户管理服务和 Guice 提供依赖关系。这个步骤和之前为 authorizer Lambda 做的工作很像。先新建 build.gradle 文件：

```
$ touch lambda-userregistration/build.gradle
```

然后在文件中添加以下内容：

```
dependencies {
    compile group: 'com.google.inject', name: 'guice', version:
guiceVersion
    compile project(':services-user')
}
```

现在可以创建 handler 类：

```
public class Handler extends LambdaHandler<Handler.RegistrationInput,
 Handler.RegistrationOutput> {
  public static class RegistrationInput {
```

```
    @JsonProperty("username")
    private String username;
    @JsonProperty("email")
    private String email;

    public String getUsername() {
      return username;
    }

    public String getEmail() {
      return email;
    }
  }
  public static class RegistrationOutput {
    private final String resourceUrl;
    public RegistrationOutput(User user) {
      resourceUrl = "/user/" + user.getId();
    }

    @JsonGetter("resourceUrl")
    public String getResourceUrl() {
      return resourceUrl;
    }
  }
  @Override public RegistrationOutput handleRequest(RegistrationInput
input,
    Context context) {
    return null;
  }
}
```

为了简单起见，这次使用静态内部类做输入和输出，而不是为这些类创建不同的文件。对于输入，接收一个带有 email 和 username 属性的 JSON 格式的字符串，对于输出，只返回生成 user 的原始 URL。

> 根据 REST 的约定，一个 POST 请求返回编号为 201 的 HTTP 状态，内容是 Location header 中包含新建的资源的 URL，而包体为空。在 API 网关层，输出的内容用来构造 Location header。本书中并不会教授如何为用户创建端点，如有需要，请读者自行创建。

现在需要像在 authorizer Lambda 中做的一样，在 handler 中添加依赖注入部分：

```
public class Handler extends LambdaHandler<Handler.RegistrationInput,
Handler.RegistrationOutput> {
  .....
  private static final Injector INJECTOR = Guice.createInjector(new
```

```
    DependencyInjectionModule());

  private UserService userService;

  @Inject
  public void setUserService(UserService userService) {
    this.userService = userService;
  }

  public Handler() {
    INJECTOR.injectMembers(this);
    Objects.requireNonNull(userService);
  }
  ...
}
```

需要为这个新的 Lambda 创建 DependencyInjectionModule，这个步骤和 authorizer Lambda 中做的基本相同。先新建文件：

```
$ touch lambda-userregistration/src/main/java/com/serverlessbook/
  lambda/userregistration/DependencyInjectionModule.java
```

接下来把如下代码添加到文件中：

```
package com.serverlessbook.lambda.userregistration;
import com.amazonaws.services.dynamodbv2.datamodeling.DynamoDBMapper;
import com.google.inject.AbstractModule;
import com.serverlessbook.repository.DynamoDBMapperWithCustomTableName;
import com.serverlessbook.services.user.UserService;
import com.serverlessbook.services.user.UserServiceImpl;
import com.serverlessbook.services.user.repository.UserRepository;
import com.serverlessbook.services.user.repository.UserRepositoryDynamoDB;
public class DependencyInjectionModule extends AbstractModule {
  @Override
  protected void configure() {
      bind(UserService.class).to(UserServiceImpl.class);
      bind(UserRepository.class).to(UserRepositoryDynamoDB.class);
bind(DynamoDBMapper.class).to(DynamoDBMapperWithCustomTableName.class);
  }
}
```

现在可以在 Handler 类中实现这个方法：

```
@Override
public RegistrationOutput handleRequest(RegistrationInput input, Context
context) {
   User createdUser = userService.registerNewUser(input.username,
input.email);
   return new RegistrationOutput(createdUser);
}
```

很容易发现一个问题，编译器会抱怨 registerNewUser 抛出了异常。然而，这个异常是程序中没有处理的，任何未捕获的异常将导致 Lambda 失败，因此，可以在 API 网关中生成 HTTP 错误代码来处理这个问题。大家都知道，任何从 Exception 导出的检查异常都应该在方法签名中被捕获或报告，UserRegistrationException 异常也是如此。但是如果从 RuntimeException 派生的异常没有这个限制，那么可以通过改变 UserRegistrationException 来解决这个问题：

```java
public abstract class UserRegistrationException extends RuntimeException {
    private static final long serialVersionUID = -7628860081079461234L;

    protected UserRegistrationException(String message) {
        super(message);
    }
}
```

5.2.6　为用户注册创建 Lambda 和 API 网关

在为用户注册写完代码之后，可以开始创建一个 Lambda 函数，并且配置这个函数与 API 网关一起使用。第一步，在 CloudFormation 模板中新建一个 Lambda 函数：

```json
"UserRegistrationLambda": {
  "Type": "AWS::Lambda::Function",
  "Properties": {
    "Handler": "com.serverlessbook.lambda.userregistration.Handler",
    "Runtime": "java8",
    "Timeout": "300",
    "MemorySize": "1024",
    "Description": "User registration Lambda",
    "Role": {
      "Fn::GetAtt": [
        "LambdaExecutionRole",
        "Arn"
      ]
    },
    "Code": {
     "S3Bucket": {
       "Ref": "DeploymentBucket"
     },
     "S3Key": {
       "Fn::Sub": "artifacts/lambda-userregistration/${ProjectVersion}/${DeploymentTime}.jar"
     }
    },
    "Environment": {
      "Variables": {
        "DynamoDbTokenTable": {
          "Ref": "TokenTable"
        },
        "DynamoDbUserTable": {
          "Ref": "UserTable"
```

```
            }
          }
        }
      }
    }
```

这段代码除了 S3Key 属性部分，和其他 Lambda 函数基本一样。

第二步是新建 REST 资源。使用 /user 路径新建一个资源：

```
"UsersResource": {
  "Type": "AWS::ApiGateway::Resource",
  "Properties": {
    "PathPart": "users",
    "RestApiId": {
       "Ref": "RestApi"
    },
    "ParentId": {
      "Fn::GetAtt": [
        "RestApi",
        "RootResourceId"
      ]
    }
  }
}
```

这部分也和之间创建的其他资源类似，只需要更改用户的 PathPart，用来创建一个 http://domain.com/users。

最重要的部分是这个方法的配置，把这段代码块添加到模板中：

```
"UsersPostMethod": {
   "Type": "AWS::ApiGateway::Method",
   "Properties": {
     "HttpMethod": "POST",
     "RestApiId": {
        "Ref": "RestApi"
     },
     "ResourceId": {
        "Ref": "UsersResource"
     },
     "AuthorizationType": "NONE",
       "RequestParameters": {
     },
     "MethodResponses": [
      {
         "StatusCode": "201",
         "ResponseParameters": {
            "method.response.header.Location": "true"
         }
      },
      {
```

```
          "StatusCode": "400"
        },
        {
          "StatusCode": "409"
        }
      ],
      "Integration": {
        "Type": "AWS",
        "Uri": {
          "Fn::Sub": "arn:aws:apigateway:${AWS::Region}:lambda:path/
            2015-03-31/functions/${UserRegistrationLambda.Arn}/invocations"
        },
        "IntegrationHttpMethod": "POST",
        "RequestParameters": {
        },
        "RequestTemplates": {
          "application/json": "{\"username\": $input.json('$.username'),
            \"email\": $input.json('$.email')}"
        },
        "PassthroughBehavior": "NEVER",
        "IntegrationResponses": [
          {
            "SelectionPattern": ".*",
            "StatusCode": "201",
            "ResponseParameters": {
              "method.response.header.Location":
"integration.response.body.resourceUrl"
            },
            "ResponseTemplates": {
              "application/json": "#set($inputRoot = $input.path('$'))"
            }
          },
          {
            "SelectionPattern": ".*not valid.*",
            "StatusCode": "400",
            "ResponseTemplates": {
              "application/json": "{\"code\": 400,
                \"errorMessage\":\"$input.path('$.errorMessage')\"}"
            }
          },
          {
            "SelectionPattern": ".*already exists.*",
            "StatusCode": "409",
            "ResponseTemplates": {
              "application/json": "{\"code\": 409,
                \"errorMessage\":\"$input.path('$.errorMessage')\"}"
            }
          }
        ]
      }
    }
  }
}
```

以下会介绍一下这里的功能。有可能看起来有些复杂，但是别担心。简而言之，就是使用正则表达式来更改 HTTP 状态代码。当这个方法执行成功时，会通知 API 网关返回一个内容为空的响应，并且将 Location header 赋值为 resourceUrl 属性值作为输出。

别忘了为了允许 API 网关可以代为执行 Lambda，需要新建一个 AWS::Lambda::Permission 资源：

```
"UsersPostLambdaPermission": {
  "Type": "AWS::Lambda::Permission",
  "Properties": {
    "Action": "lambda:InvokeFunction",
    "FunctionName": {
      "Ref": "UserRegistrationLambda"
    },
    "Principal": "apigateway.amazonaws.com",
    "SourceArn": {
      "Fn::Sub": "arn:aws:execute-api:${AWS::Region}:
        ${AWS::AccountId}:${RestApi}/*"
    }
  }
}
```

现在已经准备好使用不同的场景测试 API。先尝试测试一下非法的 email 地址：

```
$ curl -X POST -H "Content-Type: application/json" -d
'{"username": "testuser", email: "invalidemail"}'
https://serverlessbook.merkurapp.com/users
{"code": 400, "errorMessage":"This E-Mail address is not valid"}
```

返回一个 HTTP 400 的错误：

```
$ curl -X POST -H "Content-Type: application/json" -d
'{"username": "tester2", email: "test@tester.com"}' -v
https://serverlessbook.merkurapp.com/users
```

这会返回一个编号 201 的 HTTP 返回码，实现后还会返回带有用来访问用户的 Location header。

如果再次提交同样的请求则会失败，因为带有同样信息的用户已经被创建了。

读者可以尝试一下使用重复的 email 地址和用户，用来测试 API 调用是否会失败。

5.3 总结

本章是最重要的一步，介绍了使用依赖注入模式实现了一个非常棒的结构化应用程序，并用它创建了一个 API 端点。还研究了在不需要维护数据库系统的情况下如何持久化数据。另外，本章添加了几张表，并新建几个端点来使用这些表。如何使用这些资源取决于读者和真实的业务需求，在 AWS 文档中还包含更多的 DynamoDB 和 API 网关的功能，这些内容会非常有帮助。

在下一章，会将重点移到 AWS 的其他部分，比如说 SNS（Simple Notification Service，简单通知服务）、SES（Simple E-mail Service，简单邮件服务）和 S3。首先会通知一个异步的 Lambda 来为新注册的用户设置密码，并且把密码附加到欢迎信中通过电子邮件发给用户。第二部分会是一个更加令人激动的话题：用户将可以通过预设的许可将他们的图片上传到云 S3 云存储桶。这些图片会被异步地调整大小并保存云到 S3 云存储桶。

第 6 章 Chapter 6

创建配套服务

上一章介绍了当客户端请求 HTTP 资源时如何调用 Lambda 函数。这和以往的传统网页程序调用函数没有什么不同，主要区别在于 Lambda 运行时定位并执行代码片段，完成作业后将它从内存中移除，而不像传统应用程序的控制器类一样需要常驻内存。这种调用完全可以按需支付，而且不需要独自维护任何基础架构。

这是从 Lambdas 受益的唯一途径吗？当然不是。

假设这个论坛应用程序很受欢迎，我们想让用户上传他们的头像图片。在论坛的不同部分，使用三种大小不同的头像图片，每当用户上传一张新图片时，都要在存储图片时调整图片的大小。首先想到的是创建另一个 Lambda 函数来响应 HTTP 上传请求并且即时调整图片大小，但永远无法保证调整图片大小的过程在合理的时间内完成。此外，借助这种架构，会把 HTTP 上下文与业务环境绑定，这意味着 Lambda 函数将必须处理两种不同的上下文。

AWS 为这个问题带来了更好的解决方案。使用 API 网关，可以将云资源的受限功能公开给最终用户，当云资源中发生某些特定事件时，将触发 Lambda 函数。在本章中，会构建一个异步调整图片大小的服务，这部分需要编写的唯一代码片段的功能就是调整图片大小。本章将介绍如下主题：

- 如何配置 API 网关，让用户可以上传文件到 S3 而无须更改代码。
- 当一个新的文件加入到 S3 云存储桶时如何触发 Lambda 函数。
- 如何配置 CloudFront 来直接通过 S3 云存储桶提供文件。

6.1 构建 Lambda 函数的架构

写一个 Lambda 函数来开始这个任务，用来响应 S3 云存储桶事件并调整图片大小。在这个阶段，代码不会调整图片大小，它仅仅会记录请求。所以，首先我们会看到这个函数会被 S3 云存储桶事件触发。

像之前介绍的一样，使用 lambda-imagesizer 名称创建一个新模块：

```
$ mkdir -p lambda-imageresize/src/main/java/com/
  serverlessbook/lambda/imageresize
```

接下来把这个新模块添加到 settings.gradle 文件中：

```
$ echo "include 'lambda-imageresizer'" >> settings.gradle
```

现在可以在 com.serverlessbook.lambda.imageresize 包中创建 Handler 类：

```
$ touch lambda-imageresizer/src/main/java/com/serverlessbook/lambda/
  imageresizer/Handler.java
```

在这个 Lambda 函数中，会使用 S3 预置的标准化事件。AWS 提供了用于此类事件的 POJO 的 Java 包，也包括 S3。这个包可以通过名称 com.amazonaws：aws-lambda-java-events 在 Maven 库中找到。这意味着接下来的工作更容易，因为既不必为传入事件创建模型，也不需要使用 JSON 反序列化过程。接下来，先在 lambda-imageresizer 模块中创建一个 build.gradle 方法，并添加必要的依赖关系：

```
dependencies {
  compile group: 'com.amazonaws', name: 'aws-lambda-java-events',
    version: '1.3.0'
}
```

创建 Handler 方法的初步版本，内容如下：

```
package com.serverlessbook.lambda.imageresizer;
```

```
import com.amazonaws.services.lambda.runtime.Context;
import com.amazonaws.services.lambda.runtime.RequestHandler;
import com.amazonaws.services.lambda.runtime.events.S3Event;
import org.apache.log4j.Logger;

public class Handler implements RequestHandler<S3Event, Void> {

  private static final Logger LOGGER = Logger.getLogger(Handler.class);

  private void resizeImage(String bucket, String key) {
    LOGGER.info("Resizing s3://" + bucket + "/" + key);
  }

  @Override
  public Void handleRequest(S3Event input, Context context) {
    input.getRecords().forEach(s3EventNotificationRecord ->
      resizeImage(s3EventNotificationRecord.getS3().getBucket().getName(),
        s3EventNotificationRecord.getS3().getObject().getKey()));
    return null;
  }
}
```

容易发现，AWS 内置库让这件事变得很容易，把文件添加到 S3 云存储桶这个最重要的部分已经达成。当客户通过任何方式把文件添加到存储桶中，这个 Lambda 函数会被调用，并执行 resizeImage 函数。这个功能会调整图片大小，并将其保存到具有同一个用户 ID 的存储桶中。接下来会详细介绍如何从 S3 保存文件中获取用户 ID。

现在，用这个内置库创建一个 Lambda 函数，为 cloudformation.json 添加一个新的资源：

```
"ImageResizerLambda": {
  "Type": "AWS::Lambda::Function",
  "Properties": {
    "Handler": "com.serverlessbook.lambda.imageresizer.Handler",
    "Runtime": "java8",
    "Timeout": "300",
    "MemorySize": "1024",
    "Description": "Test lambda",
    "Role": {
      "Fn::GetAtt": [
        "LambdaExecutionRole",
        "Arn"
      ]
    },
    "Code": {
      "S3Bucket": {
        "Ref": "DeploymentBucket"
      },
      "S3Key": {
```

```
            "Fn::Sub": "artifacts/lambda-imageresizer/${ProjectVersion}/
                  ${DeploymentTime}.jar"
        }
      }
    }
  }
}
```

现在创建 S3 云存储桶：

```
"ProfilePicturesBucket": {
  "Type": "AWS::S3::Bucket",
  "Properties": {
    "BucketName": {
      "Fn::Sub": "${DomainName}-profilepictures"
    }
  }
}
```

> 显而易见，这里用在主 build.gradle 文件中定义的 DomainName 的值创建 S3 云存储桶。需要注意的是，使用的域名要唯一，因为本书的读者有可能用相同的域名，在 AWS 上只能有一个具有同一名称的 S3 云存储桶。

现在把事件配置添加到 S3 云存储桶。在 BucketName 属性下，添加以下代码块作为新的属性：

```
"NotificationConfiguration": {
  "LambdaConfigurations": [
    {
      "Event": "s3:ObjectCreated:*",
      "Filter": {
        "S3Key": {
          "Rules": [
            {
              "Name": "prefix",
              "Value": "uploads/"
            }
          ]
        }
      },
      "Function": {
        "Fn::GetAtt": [
          "ImageResizerLambda",
          "Arn"
        ]
      }
    }
  ]
}
```

在这里，需要注意 Event 和 Filter 的值。将 Event 的值设为 s3:ObjectCreated:*，

这样设置会告诉 AWS 仅当一个新的对象被添加到存储桶里时，才调用 Lambda 函数。当然删除一个对象也需要调用 Lambda 函数，这里先不做赘述。Filter 的值限定了 Lambda 函数的调用条件。因为用户会上传头像图片到 uploads/ 目录，仅当上传到这个目录下才会调用 Lambda 函数。使用 Filter 做限定很重要，因为一旦 Lambda 函数能执行时，它将把调整过大小的图片存放到另一个文件夹。如果没有对这个事件做限定，Lambda 函数会被它自己的图片存储事件触发，从而导致递归调用，这将会是一个永无休止的循环。

在这个阶段，虽然配置事件触发，S3 云存储桶仍然没有权限调用 Lambda 函数。请记住，上一章在 API 网关层新建了一个授权器，并创建了一个名为 AWS::Lambda::Permission 的资源让 apigateway.amazonaws.com 主体执行 Lambda 函数。在这里，需要做的事情也很相似。请把下边的代码块加到资源中：

```
"ImageResizerLambdaPermisson": {
  "Type": "AWS::Lambda::Permission",
    "Properties": {
      "Action": "lambda:InvokeFunction",
      "FunctionName": {
        "Ref": "ImageResizerLambda"
      },
      "Principal": "s3.amazonaws.com",
      "SourceArn": {
        "Fn::Sub": "arn:aws:s3:::${DomainName}-profilepictures"
      }
    }
}
```

现在 Lambda 已经可以以程序的名义被 S3 云存储桶调用了。

在这个阶段，可以尝试上传一个头像图片到存储桶的 uploads/ 目录中，可以看到 Lambda 函数会自动执行，并且在 CloudWatch 中添加一条日志条目。

6.2 让用户上传头像图片到 S3 云存储桶中

作为这个调整图片大小系统的第二部分，需要新建一个端点让用户上传图片到 S3 云存储桶。就像在一开始介绍的那样，并不需要开发任何定制软件，因为除了执行 Lambda 函数之外，API 网关还可以将一些 AWS API 公开到互联网。这意味着可以让 API 网关客户端代表我们使用 S3 上传 API。

究竟该如何配置呢？首先，需要新建一条规则，API 网关可以认定这条规则只对头像图片存储桶授予 S3:PutObject 和 S3:PutObjectAcl 权限。将这个权限添加到 CloudFormation 模板的 Resources 部分：

```
"ApiGatewayProxyRole": {
  "Type": "AWS::IAM::Role",
    "Properties": {
      "AssumeRolePolicyDocument": {
        "Version": "2012-10-17",
        "Statement": [
          {
            "Effect": "Allow",
            "Principal": {
             "Service": [
               "apigateway.amazonaws.com"
             ]
            },
            "Action": "sts:AssumeRole"
          }
        ]
      },
      "Path": "/",
      "Policies": [
        {
          "PolicyName": "S3BucketPolicy",
          "PolicyDocument": {
            "Version": "2012-10-17",
            "Statement": [
              {
                "Effect": "Allow",
                "Action": [
                  "s3:PutObject",
                  "s3:PutObjectAcl"
                ],
                "Resource": [
                  {
                    "Fn::Sub": "arn:aws:s3:::${ProfilePicturesBucket}"
                  },
                  {
                    "Fn::Sub": "arn:aws:s3:::${ProfilePicturesBucket}/*"
                  }
                ]
              }
            ]
          }
        }
      ]
    }
}
```

现在可以为端点新建 REST 资源。将新的方法放到 /users/{userid}/picture 路径下，新建一个用于更新头像图片的 PUT 方法：

```
"UsersIdResource": {
  "Type": "AWS::ApiGateway::Resource",
    "Properties": {
    "PathPart": "{id}",
    "RestApiId": {
      "Ref": "RestApi"
    },
    "ParentId": {
      "Ref": "UsersResource"
    }
  }
},
"UsersIdPictureResource": {
  "Type": "AWS::ApiGateway::Resource",
    "Properties": {
      "PathPart": "picture",
      "RestApiId": {
        "Ref": "RestApi"
      },
      "ParentId": {
        "Ref": "UsersIdResource"
      }
    }
}
```

现在可以把 PUT 方法添加到代理 S3 调用中：

```
"UsersIdPicturePutMethod": {
  "Type": "AWS::ApiGateway::Method",
    "Properties": {
      "HttpMethod": "PUT",
      "RestApiId": {
        "Ref": "RestApi"
      },
      "AuthorizationType": "CUSTOM",
      "AuthorizerId": {
        "Ref": "ApiGatewayAuthorizer"
      },
      "ResourceId": {
        "Ref": "UsersIdPictureResource"
      },
      "RequestParameters": {
        "method.request.path.id": "True",
        "method.request.header.Content-Type": "True",
        "method.request.header.Content-Length": "True"
      },
      "Integration": {
        "Type": "AWS",
        "Uri": {
          "Fn::Sub": "arn:aws:apigateway:${AWS::Region}:s3:path/
            ${ProfilePicturesBucket}/uploads/{filename}"
```

```json
            },
            "IntegrationHttpMethod": "PUT",
            "Credentials": {
              "Fn::GetAtt": [
                "ApiGatewayProxyRole",
                "Arn"
              ]
            },
            "RequestParameters": {
              "integration.request.path.filename": "context.requestId",
              "integration.request.header.Content-Type":
              "method.request.header.Content-Type",
              "integration.request.header.Content-Length":
              "method.request.header.Content-Length",
              "integration.request.header.Expect": "'100-continue'",
              "integration.request.header.x-amz-acl": "'public-read'",
              "integration.request.header.x-amz-meta-user-id":
"method.request.path.id"
            },
            "RequestTemplates": {
            },
            "PassthroughBehavior": "WHEN_NO_TEMPLATES",
            "IntegrationResponses": [
              {
                "SelectionPattern": "4\\d{2}",
                "StatusCode": "400"
              },
              {
                "SelectionPattern": "5\\d{2}",
                "StatusCode": "500"
              },
              {
                "SelectionPattern": ".*",
                "StatusCode": "202",
                "ResponseTemplates": {
                  "application/json": {
                    "Fn::Sub": "{\"status\": \"pending\"}"
                  }
                }
              }
            ]
          },
          "MethodResponses": [
            {
              "StatusCode": "202"
            },
            {
              "StatusCode": "400"
            },
            {
              "StatusCode": "500"
            }
          ]
        }
      }
```

这个方法定义看起来有点复杂。这里是把来自 API 网关的 HTTP 请求属性映射到 S3 API 调用。把请求包传到 S3 API，在成功调用的情况下，会返回 202 HTTP 返回码，接受答复。返回这个状态码是因为图片处理是异步的，而且需要通知客户端它的请求已经被接收并且正在被处理。注意，我们正在使用自动生成的 API 网关请求 ID 来生成上传文件名（integration.request.path.filename"："context.requestId"）。这个上传的文件会使用这个随机的名称存放到 upload/ 文件夹。但是 Lambda 函数如何知道上传图片的用户 ID 呢？为此将使用 S3 的文件元数据（metadata）功能（integration.request.header.x-amz-meta-user-id"："method.request.path.id"）。从请求路径中读取变量 id 的值，并将它传递给 S3 API。S3 会将 user-id 元数据保存到上传的图片中，这是可以由 Lambda 函数读取的。

为此方法启用 Lambda 授权器，意味着这个方法只能使用授权令牌（authorization token）调用。但是正如你可能注意到的，在这种情况下，每个经过授权的用户都可以修改其他人的头像图片。接下来的几节，会针对这个问题修改授权器来预防这种情况的发生。

做完上传到栈之后，可以尝试使用 API 网关端点将图片上传到 S3。可以使用以下命令将你的域和本地图片适配到一起：

```
$ curl --data-binary @${HOME}/test.jpg -X PUT -H
  "Content-Type: image/jpeg" -H "Authorization: Bearer validtoken"
  https://example.com/users/1234-1234-1234-1234/picture
```

可以在 S3 云存储桶中看到上传的图片，执行这个命令来查看存储桶的文件，执行时请替换命令中的存储路径：

```
$ aws s3 ls YOUR_DOMAIN-profilepictures/uploads/
```

如果浏览 S3 云存储桶并尝试下载这个图片，会发现这个图片数据无效。这是因为上传的图片被当成 UTF-8 文本文件。这里必须通过手工配置来让 API 网关将特定的 Content-Type 头视为二进制文件。可以导航到 API 网关控制台来更改配置，打开新添加的 API，单击 Binary Support，然后添加所需的内容类型。这里，添加 image/png 和 image/jpeg 作为二进制文件类型，当然可以根据需要添加更多的文件类型：

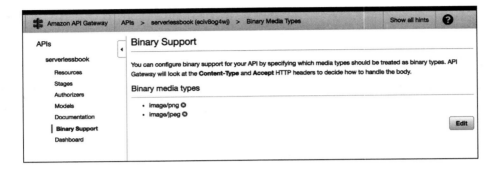

可惜这里不支持通过 CloudFormation 做这样的操作，因此需要手动配置。

6.2.1　修改 Lambda 函数响应 S3 事件

现在，必须修改 Lambda 函数来响应一个 S3 事件。由于修改图片大小的功能超出了本书的范围，这里不会实现任何调整图片大小的逻辑。只会将上传的图片复制到相应的目录。现在，开始修改 lambda-imageresizer 模块中的 Handler 类：

```
public class Handler implements RequestHandler<S3Event, Void> {
  private static final Logger LOGGER = Logger.getLogger(Handler.class);
  final AmazonS3 s3client;
  public Handler() {
    s3client = new AmazonS3Client(new
      DefaultAWSCredentialsProviderChain());
  }
  private void resizeImage(String bucket, String key) {
    LOGGER.info("Resizing s3://" + bucket + "/" + key);
    final String userId = s3client.getObjectMetadata(bucket,
      key).getUserMetaDataOf("user-id");
    LOGGER.info("Image is belonging to " + userId);
    final String destinationKey = "users/" + userId + "/picture/small.jpg";
    s3client.copyObject(bucket, key,
      bucket, destinationKey);
    LOGGER.info("Image has been copied to s3://" + bucket + "/"
      + destinationKey);
  }
  ...
}
```

此处在构造函数中创建了一个 S3 客户端。在 resizeImage 方法中，读取在 API 网关层上设置对象的元数据。这个元数据的值就是用户 ID，我们会使用这个值构造目标路径（users/USER_ID/picture/small.jpg）。要真正调整图片大小，可以使用 Java 生态系统中提供的几个库。

> 本书介绍到这里，很方便就引出 Lambda 函数的一个特征。请注意，S3 客户端对象是在构造函数中创建的。如果在构造函数中添加一行代码写日志，会发现并不是每个请求都会调用这一日志行，原因隐藏在 Lambda 运行的工作原理背后。无论何时对 Lambda 的新的请求，AWS 都会在机器上全局搜索有此功能的实例。如果没有找到适配的实例，将会创建一个新的实例，然后调用 handler 方法，并将实例留在内存中等待处理下一次请求。这个实例会在内存中滞留大概 20 分钟，直到这个未使用的 Lambda 函数完全从内存中销毁。然而对于后续的请求，这个实例会被复用。如果有一个可重用的对象，创建成本比较高昂，建议放在 handler 方法之外，以便在不同请求之间进行缓存。由于无服务器的特质，无法确定一个对象是否为多个请求做缓存，但实际情况通常是已经缓存过了的。这是 Lambda 没有写在文档里的功能，对于获取更好的性能非常有用。

6.2.2 配置 CloudFront 以调整图片大小

下一步是配置 CloudFront 发布器来从 S3 云存储桶直接提供图片。通过这种方式，再次以零代码透明地将 S3 云存储桶公开给公共互联网。

CloudFront 支持为不同路径做不同配置。这意味着如果请求路径配置成这样，可以将特定的请求转发到另一个源。目前，CloudFront 配置为转发所有的请求到 API 网关，现在添加另一个配置将路径 /users/USER_ID/picture/* 接收到的请求转发到 S3 云存储桶。

现在可以开始在 CloudFront 发布器添加一个新的源。通过以下方式把这个源添加到 CloudformationDistribution.Properties.Origins 部分：

```
{
  "DomainName": {
    "Fn::Sub": "${ProfilePicturesBucket}.s3.amazonaws.com"
  },
  "Id": "PROFILE_PICTURES",
  "S3OriginConfig ": {
  }
}
```

把一个 S3 云存储桶作为源添加是非常简单。只需要添加 s3.amazonaws.com 到存储桶的名称就可以了。

现在需要配置一个新的缓存行为，在 CloudFront 发布的 DefaultCacheBehavior 部分添加以下代码块：

```
"CacheBehaviors": [
  {
    "PathPattern": "/users/*/picture/*",
    "TargetOriginId": "PROFILE_PICTURES",
    "Compress": true,
    "AllowedMethods": [
      "GET",
      "HEAD",
      "OPTIONS"
    ],
    "ForwardedValues": {
      "QueryString": false,
      "Cookies": {
        "Forward": "none"
      }
    },
    "DefaultTTL": 0,
    "MinTTL": 0,
    "MaxTTL": 0,
    "ViewerProtocolPolicy": "redirect-to-https"
  }
]
```

添加缓存的行为不受数量的限制，这里禁用 HTTP 缓存，将所有 TTL 缓存设置为 0，因为希望 CloudFront 为每个新的头像图片请求检查 S3 云存储桶。

另一种方法是为不同的头像图片创建一个随机的 URL。在这种情况下，可以使用 CloudFront 缓存头像图片。然而使用这种方法，需要创建一个新的端点为每个用户获取最新的头像图片 URL。具体选择哪种方法取决于你。为什么不尝试实现这样的解决方案呢？

现在开始部署栈。像之前遇到的问题那样，很可能 Gradle 会超时，因为对于 CloudFront 更新，AWS 必须做全局广播，这种操作很耗时。在 AWS 控制台上可以监控 CloudFromation 的进度。

部署完成之后，可以打开浏览器并导航到 https://YOURDOMAIN/users/1234-1234-

1234-1234/picture/small.jpg，就会看到上传的图片。

6.2.3 练习

如前所述，API 网关为每个有效的令牌授权，并且用户可以更改其他任何人的头像图片。如何阻止这种事情发生并且只允许用户更改自己的头像图片呢？

 不幸的是，由于 API 网关的功能不足，无法阻止人们代表其他用户上传图片。然而，你可以将上传者的用户 ID 作为一个新的元数据存储到 S3 对象中。然后，可以修改 Lambda 函数来检查上传者用户 ID 和其正在更新的头像图片的用户 ID。只有当两个用户 ID 的值匹配时，才能修改图片的大小。

可以通过在方法中添加一个新的请求参数来传递授权的用户 ID，如下所示：

```
"integration.request.header.x-amz-meta-uploader-user-id":
  "context.authorizer.principalId"
```

6.3 通过 SES 发送电子邮件

Web 应用程序中最常用的功能是向访问者发送电子邮件。在本书介绍的应用程序中，如你所知，并不需要用户设置密码，但是我们希望使用自动生成的密码将确认邮件发送到注册用户的收件箱。为此，AWS 为发送事务性电子邮件 SES（简单电子邮件服务）提供了极好的服务。可以在 SES 中验证域名，为反垃圾邮件的目的设置一些 DNS 配置，并使用 SES API 轻松地向访问者生成和发送电子邮件。

在本节中，将简要介绍如何启用 SES 发送电子邮件。此外，将引入 SNS（简单通知服务），它是云服务中的消息服务。在本书介绍的架构中，用户注册时 Lambda 将针对某个主题发起 SNS 消息，同时将有另一个 Lambda 函数监听此主题，并向新注册的用户发送电子邮件。

这里为什么不能通过在注册码中添加另一行代码来调用 SES API，以便可以直接从该 Lambda 函数中发送电子邮件呢？是的，当然可以，但在这种情况下，这个系统将会是一个紧耦合的系统。用户注册 Lambda 函数应该仅负责将用户注册到数据库，其他额外的可以异步执行的附加功能应该在其他函数中实现，并且应该通过消息系统触发它们。也许在这个应用程序中，只有一个操作应该在用户注册后才执行，但是在更复杂的系统中，看到数十个不同的需要执行的操作并不罕见。在这种情况下，最好将问题隔离并使用这种架构。

6.3.1 配置 SES

为了能够使用 SES，首先需要配置域名。可以通过一个 CLI 客户端做这件事，但这次只是用 AWS 控制台来完成这个配置。

可以导航到 https://console.aws.amazon.com/ses/ 地址，然后在左边工具栏单击 Domains 链接。然后，你会看到一个"验证新域名"（Verify New Domain）按钮：

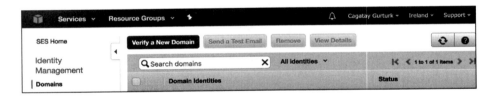

单击这个按钮之后，会弹出一个新的对话框，输入你应用这本书范例时使用的域名：

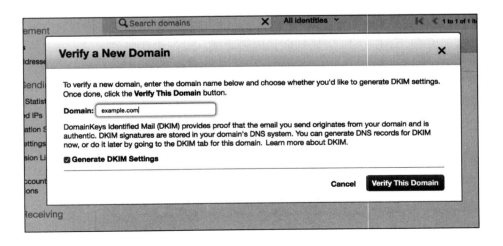

在此阶段不要忘记选择 Generate DKIM Settings 复选框。DKIM 是一个旨在检测电子邮件欺诈的电子邮件认证方法，把这些设置添加到域中对于确保邮件的可交付性始终是一个好主意。

单击 Verify This Domain 按钮后，一些 DNS 记录会显示为已经添加到域的 DNS 记录中。通常这些记录需要手动添加，但幸运的是在域中已经创建了 Route53 区域，因此 AWS 控制台将会提供一个自动添加这些 Route53 区域的选项。单击 Use Route53 按钮就可以创建所需的记录。

创建记录之后，SES 会自动检查记录并自动验证域名，然而这个步骤需要一点时间。

此外，最初账户会处于沙盒模式，沙盒模式账户不能发送邮件，需要申请一个技术支持请求（support ticket）才能解锁账户。可以导航到 https://aws.amazon.com/ses/extendedaccessrequest/ 页面填写表单来完成这一步骤。

幸运的是，SES 提供一个模拟器，可以在测试模式下用来发送邮件。在沙盒模式解除之前，可以使用模拟器进行测试。发送邮件到 success@simulator.amazonses.com 地址将始终触发交付事件，而发送邮件到 bounce@simulator.amazonses.com 会导致邮件退回。在默认配置中，退回的邮件将通过 AWS 账户邮箱通知给你，但是在产品环境中，应该为未成功发送邮件配置 SNS 主题，并且评估此事件以从邮件列表中删除此收件人，或者通知邮件所有者，告知收件人邮箱已经不再可用。

6.3.2 用户注册时发送 SNS 通知

正如之前提到的，SNS 是 AWS 的一个非常重要的部分，它允许软件的不同部分通过消息传递彼此进行交流。在 SNS 中，可以创建主题并为其订阅资源。订阅者可以是 HTTP 端点、Lambda 函数、一个移动应用，甚至可以通过 SNS 发送 SMS 短信。

在这一步，会为用户注册事件创建一个 SNS 主题，并为该主题启动一个事件。

先从 CloudFormation 模板中添加主题开始。把以下代码块添加到 Resources 部分：

```
"UserRegistrationSnsTopic": {
 "Type": "AWS::SNS::Topic",
 "Properties": {
   "Subscription": []
  }
 }
```

部署完应用程序，可以导航到网址 https://console.aws.amazon.com/sns/v2/#/topics 查看创建的主题。

在继续下一步之前，先实验一下 SNS 的功能。如前所述，可以向 SNS 订阅一个 HTTP 端点。用 http://requestb.in/ 来创建一个免费的 HTTP POST bin，用来展示所有来自它的请求。在进入 RequestBin 网站之后，单击 Create a RequestBin 按钮来创建一个新的 request bin。在下一个页面，将显示沙盒的 URL。复制并返回 SNS 控制台，选择主题之后，单击 Action and Subscribe to Topic 按钮，选择 HTTP 协议并粘贴你的 RequestBin URL：

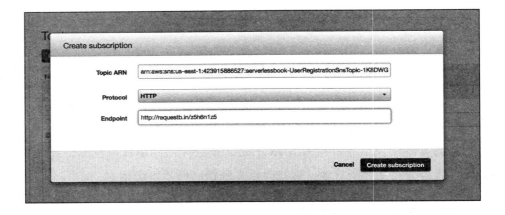

现在，返回到 RequestBin，在那里会看到 SNS 发送了一个 POST 消息，这是用来确认订阅的消息，找到传入的 JSON 中的 SubscribeURL 字段。复制这个 URL 并粘贴到浏览器导航栏来确认订阅。现在，主题已经由这个伪造的 HTTP 端点订阅，在这里可以看到所有发布到这个主题的消息。

现在，返回到控制台，可以再次选择新建的主题，单击 Publish to Topic 按钮。在文本框中写入任何消息单击 Publish message 按钮：

如果回到 RequestBin，会看到 SNS 通知，可以在那里阅读到所有的消息。

在这个架构中，用户注册 Lambda 函数会把创建用户的电子邮件地址作为消息发布，该信息可以供主题的订阅者使用。

在进一步编写代码之前，必须先修改 Lambda 的 IAM 权限，以便允许发布消息到该主题。

将以下代码块添加到 LambdaCustomPolicy 的 Statement 数组中：

```
{
  "Effect": "Allow",
  "Action": [
    "SNS:Publish"
  ],
  "Resource": [
    {
      "Ref": "UserRegistrationSnsTopic"
    }
  ]
}
```

现在，需要将主题的 ARN 作为环境变量传递给 Lambda 函数。将此环境变量添加到 UserRegistrationLambda 的环境变量中：

```
"UserRegistrationSnsTopic": {
  "Ref":"UserRegistrationSnsTopic"
}
```

现在可以将 SNS SDK 添加到用户注册 Lambda 中。很简单，添加这个依赖到 lambda-userregistration 的 build.gradle 文件中就可以了：

```
compile group: 'com.amazonaws', name: 'aws-java-sdk-sns', version: '1.11.+'
```

现在可以将所需的代码添加到这个 Lambda 的 Handler 方法中：

```
private static final Logger LOGGER = Logger.getLogger(Handler.class);
private AmazonSNSClient amazonSNSClient;

@Inject
public Handler setAmazonSNSClient(AmazonSNSClient amazonSNSClient) {
    this.amazonSNSClient = amazonSNSClient;
    return this;
}

private void notifySnsSubscribers(User user) {
  try {
     amazonSNSClient.publish(System.getenv("UserRegistrationSnsTopic"),
        user.getEmail());
     LOGGER.info("SNS notification sent for "+user.getEmail());
  } catch (Exception anyException) {
     LOGGER.info("SNS notification failed for "+user.getEmail(),
        anyException);
  }
}
```

这是一个非常简单的方法，请注意到现在正在使用默认配置通过依赖注入注入 AmazonSNSClient。在此可能需要一个自定义配置的客户端，在这种情况下，需要在依赖注入模块中进行配置。然而这部分不在本书要介绍的范围之内，在这里会直接使用默认配置。

最后，可以参照以下代码块添加这个方法到当前的 handleRequest 方法中：

```
@Override
public RegistrationOutput handleRequest(RegistrationInput input, Context context) {
  User createdUser = userService.registerNewUser(input.username,
input.email);
  notifySnsSubscribers(createdUser);
  return new RegistrationOutput(createdUser);
}
```

现在可以部署项目并且仿照之前章节介绍的步骤新建一个用户。然后打开 RequestBin 页面，应该可以看到已经发布到主题的注册用户邮件。

6.4 使用 SNS 消息和发送电子邮件

在最后一步,创建一个会订阅主题并且发送欢迎电子邮件的 Lambda 函数。像之前所做的一样,创建模块和包:

```
$ mkdir -p lambda-userregistration-welcomemail/src/main/
  java/com/serverlessbook/lambda/userregistration/welcomemail
```

然后把这个包添加到 settings.gradle 文件中:

```
echo "include 'lambda-userregistration-welcomemail'" >>
  settings.gradle
```

首先在新的模块中创建 build.gradle 文件,并添加所需的依赖:

```
dependencies {
  compile group: 'com.amazonaws', name: 'aws-lambda-java-events',
    version: '1.3.0'
  compile group: 'com.amazonaws', name: 'aws-java-sdk-ses',
    version: '1.11.+'compile group: 'com.google.inject',
    name: 'guice', version: guiceVersion
}
```

然后创建 Handler 类:

```
public class Handler implements RequestHandler<SNSEvent, Void> {
  private static final Injector INJECTOR = Guice.createInjector();
  private static final Logger LOGGER = Logger.getLogger(Handler.class);
  private AmazonSimpleEmailServiceClient simpleEmailServiceClient;

  @Inject
  public Handler setSimpleEmailServiceClient(
      AmazonSimpleEmailServiceClient simpleEmailServiceClient) {
    this.simpleEmailServiceClient = simpleEmailServiceClient;
    return this;
  }

  public Handler() {
    INJECTOR.injectMembers(this);
    Objects.nonNull(simpleEmailServiceClient);
  }

  private void sendEmail(final String emailAddress) {
    Destination destination = new Destination().
    withToAddresses(emailAddress);

    Message message = new Message()
      .withBody(new Body().withText(new Content("Welcome to our forum!")))
      .withSubject(new Content("Welcome!"));

    try {
      LOGGER.debug("Sending welcome mail to " + emailAddress);
      simpleEmailServiceClient.sendEmail(new SendEmailRequest()
```

```
        .withDestination(destination)
        .withSource(System.getenv("SenderEmail"))
        .withMessage(message)
    );
    LOGGER.debug("Sending welcome mail to " + emailAddress +
      " succeeded");
  } catch (Exception anyException) {
    LOGGER.error("Sending welcome mail to " + emailAddress + " failed: ",
      anyException);
  }
}

@Override
public Void handleRequest(SNSEvent input, Context context) {
  input.getRecords().forEach(snsMessage ->
    sendEmail(snsMessage.getSNS().getMessage()));
  return null;
}
```

这里需要注意几件事情。首先，需要的是标准的 Lambda handler 而不是定制的 Lambda handler，因为这里并不需要任何定制的 JSON 文本反序列化。这里使用标准的 AWS 库 aws-lambda-java-events，其中包括一些用于 AWS 服务事件的 POJO。SNSEvent 也是其中之一，一般是根据 SNS 事件结构创建出来的。AWS 不提供其他平台的这种类型的类库，但很幸运，我们使用 Java 作为编程语言。所以，不需要担心解析传入的请求，并且可以直接使用这些传入的 Java 对象。

> 第二件需要注意的事是，如何获取 SNSEvent 对象的 getRecords() 方法的所有的值。大多数情况下，这个方法会返回只有一个元素的列表，因为理论上，对于每个 SNS 事件仅创建一个 Lambda 调用。然而有些用户报告说他们在同一个 Lambda 调用中收到多个消息。这意味着即不能确定也没有文档说明 SNS 对于每个 Lambda 调用只发送一个 SNS 消息。因此每次读取需要遍历数组而不是仅仅选择数组的第一条记录。

最后一件需要注意的事是，如何构建 SES API 请求。这里有很多不同的选项可供配置。如要获取更深入的知识可以阅读一下 SES 文档，这里的配置仅仅完成这部分的功能，发送一个纯文本电子邮件。

在继续下一步之前，请向 Lambda 的 IAM 许可中添加所需的权限：

```json
{
  "Effect": "Allow",
  "Action": [
    "ses:*"
  ],
  "Resource": "*"
}
```

然后，使用 SenderEmail 环境变量创建 Lambda 函数。必须为配置修改变量，以便可以添加属于在 SES 面板上验证过的域的任何电子邮件地址：

```json
"UserRegistrationWelcomeMailLambda": {
  "Type": "AWS::Lambda::Function",
  "Properties": {
    "Handler": "com.serverlessbook.lambda.
      userregistration.welcomemail.Handler",
    "Runtime": "java8",
    "Timeout": "300",
    "MemorySize": "1024",
    "Description": "User registration welcome mail Lambda",
    "Role": {
      "Fn::GetAtt": [
        "LambdaExecutionRole",
        "Arn"
      ]
    },
    "Code": {
      "S3Bucket": {
        "Ref": "DeploymentBucket"
      },
      "S3Key": {
        "Fn::Sub": "artifacts/lambda-userregistration-welcomemail/
          ${ProjectVersion}/${DeploymentTime}.jar"
      }
    },
    "Environment": {
      "Variables": {
        "SenderEmail": "info@example.com"
      }
    }
  }
},
"UserRegistrationWelcomeMailLambdaPermission": {
  "Type": "AWS::Lambda::Permission",
  "Properties": {
    "Action": "lambda:InvokeFunction",
    "FunctionName": {
      "Ref": "UserRegistrationWelcomeMailLambda"
    },
    "Principal": "sns.amazonaws.com",
    "SourceArn": {
      "Fn::Sub": "arn:aws:sns:${AWS::Region}:${AWS::AccountId}:*"
    }
  }
}
```

这个代码块的第二部分是用来允许 SNS 调用的 Lambda 函数。从 API 网关那部分来看，应该让 AWS 服务以我们的名义调用 Lambda 函数来实现程序的执行。正如在 API 网关所做的，这里需要允许 sns.amazonaws.com 来识别执行 Lambda 函数。

在最后一步，需要向 UserRegistrationSnsTopic 添加一个新的订阅。将这个代码块添加到 UserRegistrationSnsTopic 的订阅部分：

```
{
  "Endpoint": {
    "Fn::GetAtt": [
      "UserRegistrationWelcomeMailLambda",
      "Arn"
    ]
  },
  "Protocol": "lambda"
}
```

现在一切都已经准备好，可以运行了。

只需要尝试用以下命令注册一个新的用户，把命令中的域名改成你自己的：

```
$ curl  -X POST  -H "Content-Type: application/json" -d
 '{"username": "tester3", email: "success@simulator.amazonses.com"}'
 -v https://serverlessbook.example.com/users
```

可以检查 Lambda 函数的日志，确认它们是通过 SNS 触发的，并且发送了电子邮件给用户。

集成消息队列

SNS 是一个遵循发布 / 订阅模式的消息系统，这样的消息系统从一个源发布一个消息，并且多个其他消费者并行消费这个消息。从另一个角度讲，其他重要的消息系统可以当作一个队列，可以在多个源处发布消息，并从一个或多个消费者中逐一消费这些消息。

AWS 也提供了一个叫作 SQS（Simple Queue Service，简单队列服务）的服务。在 SQS 中，可以创建队列并发送消息到队列中。然后消费者可以轮询这些消息并进行消费。在本章结束之前，还可以简要地看一下在应用程序中如何使用 SQS。然而本节不会消费新创建队列中发布的消息，本书介绍的应用程序中也不会做这样的用例去消费

SQS 消息。消费 SQS 消息需要在一个常规实例上安装始终运行的消费者组件。

在本节中，会介绍如何将 SNS 消息复制到 SQS 中。之前已经为注册用户创建一个主题。也可以将 SQS 主题作为该主题的订阅者，这样对于所有通知，SNS 都会存储到 SQS 队列中。之后，如何消费这些队列中的消息就取决于你了。SQS 会自动删除队列中超过最大消息保留期限的消息。保留期限默认值为 4 天。而且这个消息保留期限可以设置为从 60 秒到 1 209 600 秒（14 天）的任意值。

首先，创建一个队列并附加上策略：

```
"UserRegistrationQueue": {
  "Type": "AWS::SQS::Queue"
},
"UserRegistrationQueuePolicy": {
  "Type": "AWS::SQS::QueuePolicy",
  "Properties": {
    "PolicyDocument": {
      "Version": "2012-10-17",
      "Statement": [
        {
          "Effect": "Allow",
          "Principal": "*",
          "Action": "SQS:SendMessage",
          "Resource": {
            "Fn::GetAtt": [
              "UserRegistrationQueue",
              "Arn"
            ]
          },
          "Condition": {
            "ArnEquals": {
              "aws:SourceArn": {
                "Ref": "UserRegistrationSnsTopic"
              }
            }
          }
        }
      ]
    },
    "Queues": [
      {
        "Ref": "UserRegistrationQueue"
      }
    ]
  }
}
```

AWS::SQS::Queue 中有很多选项可以用于微调，也包括作废消息队列，可以根据不同的需要进行调整，对于默认的选项仅仅提供最基本的功能。作废消息队列是很多队列系统实现的默认的一个概念，它旨在存储以常规方式未成功处理的消息。所以，可以使用作废消息队列作为错误恢复系统。

第二个资源向队列添加访问策略。正如 Lambda 中所做的，需要让 SQS 知道另一个认证，这种情况下，SNS 需要访问它并发布消息。这是为什么需要允许 SNS 拥有 SQS:SendMessage 权限，并处理属于主题的 ARN 的传入消息。

最后一步，需要向 UserRegistrationSnsTopic 资源的 Subscription 添加如下订阅定义：

```
{
  "Endpoint": {
    "Fn::GetAtt": [
      "UserRegistrationQueue",
      "Arn"
    ]
  },
  "Protocol": "sqs"
}
```

部署完应用程序之后，可以导航到 AWS 控制台的 SQS 部分，查看队列消息。

可以单击队列和 Queue Actions 按钮，然后单击 View/Delete Messages 按钮。将打开一个新的窗口，可以在其中看到传入到队列中的消息：

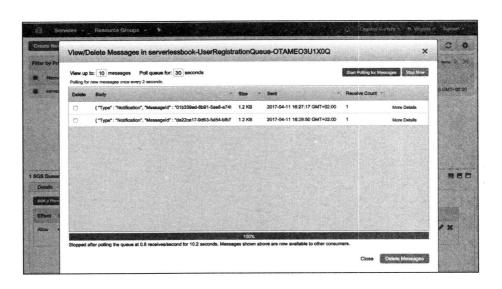

现在可以通过 API 创建用户，并在队列中查看新用户相关的信息。

6.5 总结

恭喜！如所承诺的，本章已经介绍了构建一个完全正常的图像上传，以及一个以非常低的代码量来调整图片大小的端点。之后，又构建了一个松耦合的软件组件，通过云中的事件触发来执行操作。

显然，这个应用软件还有改进的空间。到目前为止，我们为应用软件提供了参考架构，现在你可以填充缺失的部分并进一步开发软件。通常，不可能覆盖 AWS 提供的所有功能和配置选项。其实平台发展如此之快，如果介绍内容中涵盖了所有方面，很多功能也许会在短时间内过时。读者可以仔细阅读 AWS 文档，以了解如何实现心目中的架构。这是绝对可以做到的。

本书的旅程不会在这里结束。在下一章中，将介绍 CloudSearch 服务，这是一个受管理的 Elasticsearch 服务。当通过 SNS 注册新用户时，将自动通知 CloudSearch，并创建一个简单的搜索端点通过电子邮件搜索该用户。

第 7 章　数据搜索

上一章我们学习了如何用最少的自定义代码构造无服务应用的相关服务。本章中，我们还会开发一个支持性服务，那就是搜索。内容为王，帮助用户在你的应用中发现最相关的内容是至关重要的。

搜索是个很大的主题，可以写出很多书籍，但是在本章中我们想展示一个 AWS 提供的服务，它将帮助你构建一个简单的搜索引擎：CloudSearch。CloudSearch 是构建在 SOLR 上的托管服务，并且提供了简单的 API 以对文档做索引和搜索，同时还可以构建建议功能。

如果你需要更为复杂的搜索服务，可以考虑使用 Elasticsearch 服务。这是托管的 Elasticsearch 集群创建服务器，但在这种情况下，只用 AWS API 就能完成集群的创建。软件和 Elasticsearch 集群之间的所有通信都将通过 Elasticsearch 的 REST API 或者本地库进行。

另一方面，CloudSearch 提供了一种 API（当然有不同语言的 SDK），可以隔离底层搜索基础架构的复杂性，因而可以轻松地索引和搜索文档。

在本章中，我们将创建搜索域，然后创建一个新的 Lambda 函数，对注册到搜索域中的每个用户进行索引。最后，我们将在 API 中创建一个使用文档的端点，从而自动完成注册用户的用户名。本章将介绍以下主题：

❑ 使用 CloudSearch 创建和配置搜索域
❑ 创建一个 API 网关端点来代理 CloudSearch 的自动完成端点
❑ 当新数据进入系统时，更新搜索索引

7.1 创建搜索域

第一步，创建搜索域。搜索域是一个机器集群，当中存储着文档。

为了创建一个搜索域，首先需要导航到 AWS 控制台的 CloudSearch 部分，并单击 Create a New Domain 按钮。

单击该按钮后，将启动一个新的向导，它会引导你完成新搜索域的创建。应该为这个搜索域指定一个名字，在本例中，将其命名为 serverlessbook：

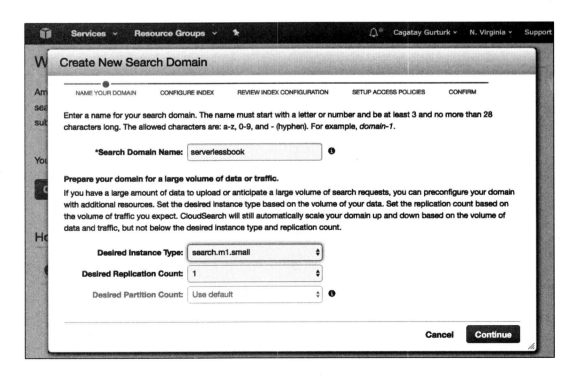

在同一个界面中，还应该指定实例类型。到目前为止，从来没有指定过任何实例类型，但是 CloudSearch 并不是完全无服务器的，所以需要在后台启动虚拟机。CloudSearch 拥有从 search.m1.small 到 search.m3.2xlarge 的一系列实例。这些实例具有不同的硬件配置，而且每小时价格也不尽相同。对于该示例，我们将选择最小的实例 search.m1.small，并将 Desired Replication Count 设置为 1。同时也将 Desired Partition Count 设置为 1。

请注意，一旦你创建了搜索域，你的账号将开始按小时收费。AWS 为新账号提供试用期，所以你可以在有限的时间段内免费使用，但是一旦完成练习，最好关闭搜索域。

当单击 Continue 按钮时，界面提示为搜索域配置索引。AWS 提供了一些分析当前文档以预测索引结构的选项，但这里将选择 Manual Configuration 选项来自定义文档中的索引字段：

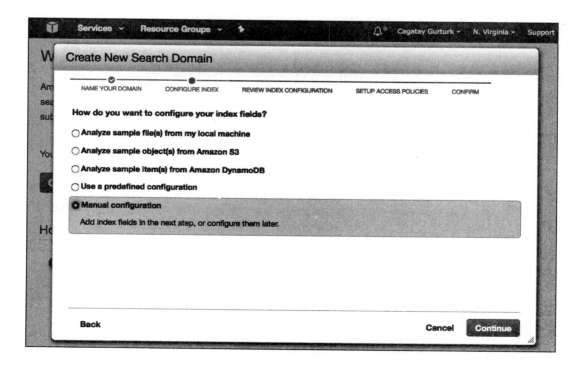

在下一个界面中，会提示输入文档中可索引的字段：

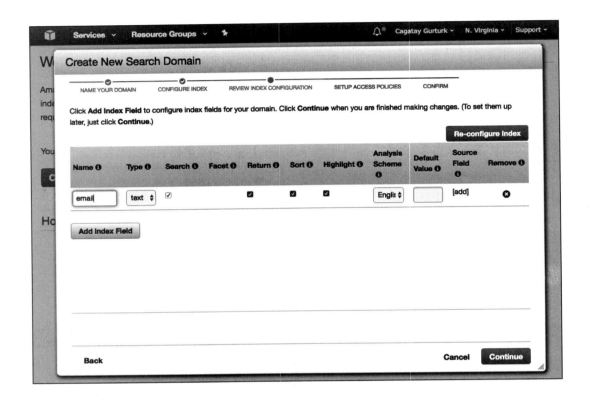

在这里，添加 eamil、userid 和 username 作为可索引字段，并将所有条目的 Type（类型）选择为 text（文本）。请注意，这有更多的选项，例如数值和日期值，但是由于用户表中只有字符串值，所以选择 text（文本）。

在向导的开始，也可以选择 Analyze sample item（s）from Amazon DynamoDB 并让 CloudSearch 确定域中的可索引字段。但是，我们想展示如何进行手动配置，所以没有那样做。

像所有 AWS 服务一样，还必须为 CloudSearch 定义访问策略。在下一个界面中，可以选择一个预定义的策略或者自定义一个策略：

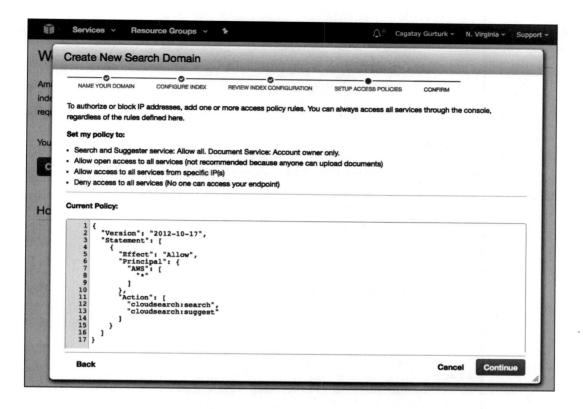

为简单起见，将如下策略写入文本框中：

```
{
  "Version": "2012-10-17",
  "Statement": [
    {
      "Effect": "Allow",
      "Principal": {
        "AWS": [
          "*"
        ]
      },
      "Action": [
        "cloudsearch:search",
        "cloudsearch:suggest"
      ]
    }
  ]
}
```

该政策允许公共访问 Search 和 Suggester 服务，但只允许当前的 AWS 所有者上传文档。

该步骤过后，系统将提示你确认所有配置，单击 Confirm 按钮后创建搜索域。启动搜索域并将其上线，最多需要 10 分钟。

7.2 上传测试数据

现在可以直接从 DynamoDB 上传一些文档到 CloudSearch 域，以此来试试新的搜索引擎。

CloudSearch 为此提供了另一个向导，可以从域的仪表盘（Dashboard）访问该向导：

单击 Upload Documents 按钮以启动向导。之后会看到几个选项：

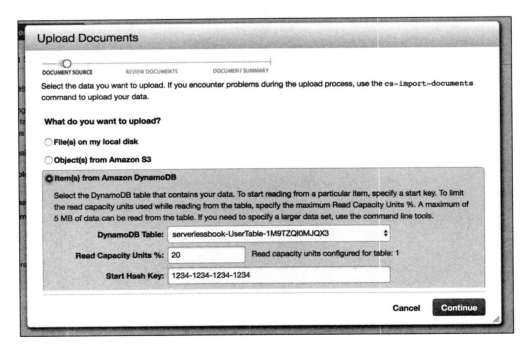

选择 Item（s）from Amazon DynamoDB 选项以使用 DynamoDB 继续工作，然后单击 Continue 按钮。在下一步中，将从表中读取一个样本并分析其索引结构。由于用户表中所有的字段也在 CloudSearch 表中进行了索引，所以这里应该不会有问题：

完成向导后，会显示成功的结果，而 CloudSearch 会对在测试期间用 API 创建的所有用户做索引。

运行一个测试查询以确保数据就绪。

单击左栏中的 **Run a Test Search** 会看到可以测试搜索查询的面板：

在上一章中，曾创建了一个邮件地址是 success@simulator.amazonses.com 的用户。将其填入 Search 字段，然后单击 Go 按钮，会出现结果，这意味着数据已经被 CloudSearch 做了索引。

另一方面，手动上传文档不适合生产环境操作，这应该是自动上传的。所以本章接下来会创建一个小型 Lambda 函数，可以从 SNS 主题读取数据，并写入 CloudSearch。

7.3 创建 suggester

suggester 是 CloudSearch 最酷的功能之一，可用于构建自动完成系统。为 username 字段创建一个 suggester，以便可以在论坛应用的搜索字段中使用。

要创建 suggester，单击左栏上的 Suggesters 链接，然后单击 Add Suggester 按钮：

在这需要给 suggester 一个名字（本例中为 username_suggester）和一个与 suggester 匹配的源字段。也可以选择 Fuzzy Matching（模糊匹配）选项，如此一来，即使关键字不以给定的参数开头，也可以容忍录入错误并搜索出更多相似的结果。

创建好 suggester 之后，CloudSearch 会再一次索引文档，但由于我们目前并没有那么多文档，这应该花费不了多少时间。

7.4 为建议创建 API 端点

可能你觉得为了显示搜索结果，会需要另外一个 Lambda 函数。而用 API 端点，只需将保存在 CloudSearch 中的文档直接显示给客户端即可。与 S3 上传类似：使用 API 网关作为 CloudSearch AWS API 与我们面向公众的 API 之间的代理。

要创建这样的 API，首先使用之前步骤中已知的方法：在 /search 路径中创建一个资源。将如下代码块添加到 CloudFormation 模板中的 Resources 块中：

```
"SearchResource": {
  "Type": "AWS::ApiGateway::Resource",
  "Properties": {
    "PathPart": "search",
    "RestApiId": {
      "Ref": "RestApi"
    },
    "ParentId": {
      "Fn::GetAtt": [
        "RestApi",
        "RootResourceId"
      ]
    }
  }
}
```

要将 CloudSearch 与 API 网关集成，我们需要知道为 CloudSearch 域自动生成的子域。这个值就在 CloudSearch 仪表盘的 Search Endpoint 标题下。比如，这个值可能如下所示：

```
search-serverlessbook-uiyqpdvcdz7o4hxudtnqzpjdtu.us-east-
  1.cloudsearch.amazonaws.com
```

只需要第一部分，所以将 search-serverlessbookuiyqpdvcdz7o4hxudtnqzpjdtu 作为一个参数加到 CloudFormation 模板中。创建这个参数值以待下一部分使用：

```
"CloudSearchDomain": {
  "Type": "String",
  "Description": "Endpoint Name for CloudSearch domain"
}
```

不要忘记在 build.gradle 中将此参数设置为端点的值！将参数写入 build.gradle 文件时，须将 search- 前缀省略。出于对不同用途的考虑，CloudSearch 仪表盘提供两个端点：Search Endpoint 和 Document Endpoint。例如在这个配置中，端点如下：

```
Search Endpoint: search-serverlessbook-uiyqpdvcdz7o4hxudtnqzpjdtu.us-
  east-1.cloudsearch.amazonaws.com
Document Endpoint: doc-serverlessbook-uiyqpdvcdz7o4hxudtnqzpjdtu.us-
  east-1.cloudsearch.amazonaws.com
```

将 serverlessbook-uiyqpdvcdz7o4hxudtnqzpjdtu 写入 build.gradle 文件，这样在用于不同的用途时，会在代码中填充不同的端点。

现在创建最复杂的部分，也就是方法本身。首先添加代码，然后分析其中重要的部分：

```
"SearchGetMethod": {
  "Type": "AWS::ApiGateway::Method",
  "Properties": {
    "HttpMethod": "GET",
    "RestApiId": {
      "Ref": "RestApi"
    },
    "ResourceId": {
      "Ref": "SearchResource"
    },
    "RequestParameters": {
      "method.request.querystring.q": "q"
    },
    "AuthorizationType": "NONE",
    "Integration": {
```

```
      "Type": "AWS",
      "Uri": {
        "Fn::Sub":"arn:aws:apigateway:${AWS::Region}:search-
        ${CloudSearchDomain}.cloudsearch:path//2013-01-01/suggest"
      },
      "IntegrationHttpMethod": "GET",
      "Credentials": {
        "Fn::GetAtt": [
          "ApiGatewayProxyRole",
          "Arn"
        ]
      },
      "RequestParameters": {
        "integration.request.querystring.suggester":
          "'username_suggester'",
        "integration.request.querystring.q":
          "method.request.querystring.q"
      },
      "RequestTemplates": {
      },
      "PassthroughBehavior": "WHEN_NO_TEMPLATES",
      "IntegrationResponses": [
        {
          "SelectionPattern": ".*",
          "StatusCode": "200"
        }
      ]
    },
    "MethodResponses": [
      {
        "StatusCode": "200"
      }
    ]
  }
}
```

这与 S3 集成非常相似。在这里没有强制身份验证，因为我们希望 Search API 是公开的。当然，可以根据需要轻松更改，只需向配置中添加身份验证 Lambda 即可。

最重要的配置也许是 Uri 字段，因为它设置了我们应该将请求发往哪个 AWS API。这里会使用 AWS::Region 和 CloudSearchDomain 参数来构建完整路径。请注意，为了构建从 CloudSearch 仪表盘中读到的 URL，search- 已经被预添加到子域中了。你可能想知道 /2013-01-01/suggest 是什么意思。这是文档中记录的 suggestion 的 API 端点。访问文档 http://docs.aws.amazon.com/cloudsearch/latest/developerguide/search-api.html#suggest，你会看到该条信息以及更多的端点。

在你构建 API 时,最好查看文档来查找一下使用哪个 URL。或者,也可以使用 API Gateway Console 创建方法,它会自动构建 URI。一旦用这种方式创建方法,就可以通过 AWS CLI 来检查配置,并且可以看到哪个路径是由 Console 构建的。然后就可以在 CloudFormation 模板中使用该值了。

你可能已经注意到了,这个 CloudSearch API 端点需要使用 suggester 和 q 参数。第二个参数是从客户那里获取的,因为那就是他们在应用程序中搜索的内容。另一方面,可以在 API 网关级别添加 suggester 参数,并将请求传递给 CloudSearch API。这就是将 'username_suggester'(带引号)传递给 integration.request.querystring.suggester,而将 integration.request.querystring.q 传递给 method.request.querystring.q 的原因。

最后一步,需要将 SearchGetMethod 加入到 ApiDeployment 的 DependsOn 集合中,以防止在方法创建之前部署 API:

```
"ApiDeployment": {
  "DependsOn": [
    "TestGetMethod",
    "SearchGetMethod"
  ],
```

现在,可以部署 API 并查看 /search?q=keyword 的查询结果了。

7.5 更新搜索数据的 Lambda 函数

现在需要创建一个 Lambda 函数来读取 SNS 通知,并将值写入 CloudSearch。但是目前不得不重构一下代码,因为前文中我们仅仅向 SNS 发布了新注册用户的 email 地址。现在需要将用户注册的 Lambda 改为使用户数据表现为 JSON 值。

为了实现这一点,首先使用 Jackson 注释修改 User Service 中的 User 对象,以确保能够正确序列化为 JSON。

修改 com.serverlessbook.services.user.domain.User 类,并将以下 @JsonProperty

注释添加到所有属性中：

```
@DynamoDBHashKey(attributeName = "UserId")
@JsonProperty("userid")
private String id;

@DynamoDBIndexHashKey(globalSecondaryIndexName =
    "UsernameIndex", attributeName = "Username")
@JsonProperty("username")
private String username;

@DynamoDBIndexHashKey(globalSecondaryIndexName = "EmailIndex",
    attributeName = "Email")
@JsonProperty("email")
private String email;
```

然后修改用户注册 Lambda，并在其中添加 JSON 序列化逻辑：

```
private void notifySnsSubscribers(User user) {
  try { amazonSNSClient.publish(System.getenv("UserRegistrationSnsTopic"),
    new ObjectMapper().writeValueAsString(user));
    LOGGER.info("SNS notification sent for "+user.getEmail());
  } catch (Exception anyException) {
    LOGGER.info("SNS notification failed for "+user.getEmail(),
      anyException);
  }
}
```

你可能考虑将 JSON 序列化和反序列化分离到另一个服务中，但为了简单起见，我们保持现状。

7.5.1　修改欢迎邮件发送者 Lambda

如前文提到过的，需要修改发送欢迎邮件的 Lambda 函数，使其将用户对象处理成 JSON 而非纯文本的 email 地址。首先，需要将 services-user 子项目添加到此 Lambda 的编译依赖项中，以便可以看到将在 SNS 负载中发送的 User 类。

然后修改 sendMail（final String emailAddress）方法来接受 User 作为一个参数：

```
private void sendEmail(final User user) {
  final String emailAddress = user.getEmail();
  Destination destination = new
Destination().withToAddresses(emailAddress);

  Message message = new Message()
    .withBody(new Body().withText(new Content("Welcome to our forum!")))
    .withSubject(new Content("Welcome!"));

  try {
```

```
      LOGGER.debug("Sending welcome mail to " + emailAddress);
      simpleEmailServiceClient.sendEmail(new SendEmailRequest()
        .withDestination(destination)
        .withSource(System.getenv("SenderEmail"))
        .withMessage(message)
      );
      LOGGER.debug("Sending welcome mail to " + emailAddress + " succeeded");
    } catch (Exception anyException) {
      LOGGER.error("Sending welcome mail to " + emailAddress + " failed: ",
        anyException);
    }
  }
}
```

接下来,修改 SNS handler 将字符串转换为 JSON:

```
@Override
public Void handleRequest(SNSEvent input, Context context) {
  input.getRecords().forEach(snsMessage -> {
    try {
      sendEmail(new
ObjectMapper().readValue(snsMessage.getSNS().getMessage(),
        User.class));
    } catch (IOException anyException) {
      LOGGER.error("JSON could not be deserialized", anyException);
    }
  });
  return null;
}
```

这里出现了一点不良代码的迹象。我们会创建另一个 Lambda 函数来处理 SNS 事件和反序列化的 JSON。我们不该在不同函数中总是使用重复的代码。所以在主 Lambda 中创建一个新类型的 handler,以供 SNS 消费者函数使用。

首先从欢迎邮件 lambda 移除编译组、'com.amazonaws'、name: 'aws-lambda-java-events'、version: '1.3.0' 依赖项,并将其添加到通用 lambda 包。

然后在同一个包中创建 SnsLambdaHandler<I> 类:

```
public abstract class SnsLambdaHandler<I> implements
RequestHandler<SNSEvent, Void> {

  private static final Logger LOGGER =
    Logger.getLogger(SnsLambdaHandler.class);
  private final ObjectMapper objectMapper;
  protected SnsLambdaHandler() {
    objectMapper=new ObjectMapper();
  }

  public abstract void handleSnsRequest(I input, Context context);
```

```
@SuppressWarnings("unchecked")
private Class<I> getJsonType() {
  return (Class<I>) ((ParameterizedType)
    getClass().getGenericSuperclass()).getActualTypeArguments()[0];
}

@Override
public Void handleRequest(SNSEvent input, Context context) {
  input.getRecords().forEach(snsMessage -> {
    try {
      I deserializedPayload =
        objectMapper.readValue(snsMessage.getSNS().getMessage(),
          getJsonType());
      handleSnsRequest(deserializedPayload, context);
    } catch (IOException anyException) {
      LOGGER.error("JSON could not be deserialized", anyException);
    }
  });
  return null;
}
```

如你所见，这个抽象类要求其子类实现 handleSnsRequest（I input，Context context）方法，而且在调用这个方法之前，会将 SNS 消息中的负载内容反序列化为子类在泛型中所要求的类。

现在来简化欢迎邮件 handler，继承 SnsLambdaHandler<User> 类，并实现其父类的抽象方法。所以实现如下：

```
public class Handler extends SnsLambdaHandler<User> {
  ...
  @Override
  public void handleSnsRequest(User input, Context context) {
    sendEmail(input);
  }
}
```

现在有一个更为面向对象的结构了，因为将反序列化逻辑从 Lambda handler 中分离出来了。

7.5.2　创建 Lambda 函数更新 CloudSearch

现在创建将用户信息保存到 CloudSearch 的 Lambda 函数。类似地，创建子项目和包：

```
$ mkdir -p lambda-userregistration-cloudsearch/com/
  serverlessbook/lambda/userregistration/search
```

然后将其加入 settings.gradle 文件，使得主项目可以识别它：

```java
public class Handler extends SnsLambdaHandler<User> {
    private static final Injector INJECTOR = Guice.createInjector();
    private static final Logger LOGGER = Logger.getLogger(Handler.class);
    private AmazonCloudSearchDomainClient amazonCloudSearchDomainClient;
    private final ObjectMapper objectMapper = new ObjectMapper();

    @Inject
    public Handler setAmazonCloudSearchDomainClient(
      AmazonCloudSearchDomainClient amazonCloudSearchDomainClient) {
        this.amazonCloudSearchDomainClient = amazonCloudSearchDomainClient;
        this.amazonCloudSearchDomainClient.setEndpoint(System.getenv("
          CloudSearchDomain"));
        return this;
    }

    public Handler() {
      INJECTOR.injectMembers(this);
      Objects.nonNull(amazonCloudSearchDomainClient);
    }

    private void uploadDocument(User user) {
      try {
        final Map<String, Object> documentRequest = new HashMap<>();
        documentRequest.put("type", "add");
        documentRequest.put("id", user.getId());
        documentRequest.put("fields", user);
        LOGGER.info("User with id " + user.getId() + " is being uploaded to
          CloudSearch");
        byte[] jsonAsByteStream = objectMapper.writeValueAsBytes(new Map[]
          {documentRequest});
        if (jsonAsByteStream != null) {
          ByteArrayInputStream document = new ByteArrayInputStream(
            jsonAsByteStream);
          amazonCloudSearchDomainClient.uploadDocuments(new
            UploadDocumentsRequest()
            .withDocuments(document)
            .withContentLength((long) document.available())
            .withContentType(ContentType.Applicationjson)
          );
        }
      } catch (JsonProcessingException jsonProcessingException) {
        LOGGER.error("Object could not be converted to JSON",
          jsonProcessingException);
      } catch (Exception anyException) {
        LOGGER.error("Upload was failing", anyException);
      }
    }

    @Override
    public void handleSnsRequest(User input, Context context) {
      uploadDocument(input);
    }
}
```

从 SNS 的角度来看，这个函数与之前的欢迎邮件函数非常相似。注意构造函数中的以下这行：

```
this.amazonCloudSearchDomainClient.setEndpoint(
  System.getenv("CloudSearchDomain"));
```

Amazon SKD 要求指定端点，因为每个 CloudSearch 部署有不同的端点，就像之前提过的，API 请求会被发送到那些端点。实际上 AWS 会为你账户中运行的每个搜索实例安装它自己的软件。

在 uploadDocument 方法内，我们会创建该端点需要的 JSON。CloudSearch 有一个批上传 API，它需要如下格式的输入：

```
[
  {
    "id": "1234-1234-1234",
    "type": "add",
    "fields": {
      "userid":"1234-1234-1234",
      "email": "test@test.com",
      "username": "test_user"
    }
  }
]
```

你可能注意到了，它需要一组文档，其中 type、id 和 fields 键是必需的。在 type 字段，你可以指定 add 和 delete 来增加或删除文档。每个可搜索文档都应该有个能标识它的 ID（本例中使用用户 ID 作为这个值），而 fields 则应该指定那些你想配置为要搜索的字段及其内容。

方法的其他部分就很简单了。用这个对象的结构创建了一个 InputStream，用 Jackson 创建了所需的 JSON。

当然，我们需要为这个项目创建一个 build.gradle 文件，并添加包括 CloudSearch SDK 在内所需的依赖：

```
dependencies {
  compile group: 'com.google.inject', name: 'guice', version: guiceVersion
  compile project(':services-user')
  compile group: 'com.amazonaws', name: 'aws-java-sdk-cloudsearch',
    version: '1.11.+'
}
```

7.5.3 使用 CloudFormation 创建及配置 Lambda 函数

现在在 CloudFormation 文件中创建 Lambda 函数：

```
"UserRegistrationCloudSearchLambda": {
  "Type": "AWS::Lambda::Function",
  "Properties": {
    "Handler": "com.serverlessbook.lambda.userregistration.search.Handler",
    "Runtime": "java8",
    "Timeout": "300",
    "MemorySize": "1024",
    "Description": "User Registration Search Lambda",
    "Role": {
      "Fn::GetAtt": [
        "LambdaExecutionRole",
        "Arn"
      ]
    },
    "Code": {
      "S3Bucket": {
        "Ref": "DeploymentBucket"
      },
      "S3Key": {
        "Fn::Sub": "artifacts/lambda-userregistration-cloudsearch/
          ${ProjectVersion}/${DeploymentTime}.jar"
      }
    },
    "Environment": {
      "Variables": {
        "CloudSearchDomain": {
          "Fn::Sub": "doc-${CloudSearchDomain}.${AWS::Region}.
            cloudsearch.amazonaws.com"
        }
      }
    }
  }
}
```

注意这里预置了 doc- 以构造文档的 CloudSearch 端点，并将其作为 CloudSearch-Domain 环境变量注入 Lambda 函数。

为了将该函数与 SNS 集成，需要授权给 SNS 可以调用这个函数，这与之前我们做过的函数一样：

```
"UserRegistrationCloudSearchLambdaPermission": {
  "Type": "AWS::Lambda::Permission",
  "Properties": {
    "Action": "lambda:InvokeFunction",
    "FunctionName": {
      "Ref": "UserRegistrationCloudSearchLambda"
```

```
    },
    "Principal": "sns.amazonaws.com","SourceArn": {
      "Fn::Sub": "arn:aws:sns:${AWS::Region}:${AWS::AccountId}:*"
    }
  }
}
```

最后将 Lambda 添加到 SNS 主题作为一个订阅者：

```
{
  "Endpoint": {
    "Fn::GetAtt": [
      "UserRegistrationCloudSearchLambda",
      "Arn"
    ]
  },
  "Protocol": "lambda"
}
```

完成！现在可以发布了，所有注册到应用程序的新用户都会被 CloudSearch 索引。

现在可以使用用户注册端点来注册一个新用户，执行与之前章节中相同的命令。注册用户后，可以在 /search 路径中使用 q 参数来查询端点，会有一个结果显示出来。

或者也可以使用 CloudSearch 仪表板对搜索域执行查询，并确保数据流工作无误。

7.6 总结

搜索是一个很大的话题，足以用几本书来讲述。而在本章中，我们想介绍的是能够满足你基本搜索需求的 AWS 服务，更重要的是向你展示如何将大型软件的不同部分拆分成若干小块。

有些 Java 代码可能有待改进，而且我们没有写那么多的测试。

这些是你可以进一步开发和练习技能的部分。在下一章也就是最后一章中，会看到 Serverless 应用的一些监测功能。

第 8 章

监测、日志与安全

有经验的软件工程师都知道，完成软件系统开发过程后，就开始了运维工作。在开发软件过程中，就需要尽量关注问题和瓶颈，一旦软件进入生产环境后，应该仔细监控软件，以检测问题和瓶颈。无服务器应用也一样需要仔细监测。

安全无疑是另外一个重要方面。软件中的任何安全问题，都可能会导致经济和名誉的损失。

在这最后一章中，会展示一些 AWS 提供的工具，以帮助监测软件，减少问题。我们将建立自动健康检查，它会持续监测无服务应用的健康状态，还会通过 CloudWatch 扩展日志，并学习创建应对不同情况的自动报警。

最后一部分将展示如何操作 Lambda 函数，以访问 VPC（虚拟私有云）环境下受保护的 AWS 网络中的受保护资源。

本章将涵盖以下内容：

❑ 建立自动健康检查
❑ 建立基于警报模式，以匹配应用的日志

❏ 运行 VPC 中的 Lambda 函数

8.1 建立一个 Route 53 健康检查

我们将无服务器应用定义为高可用性应用程序，因为在 SLA 中总有一些可用的服务器用于支持你的函数，它们甚至根据需要的容量进行大小调整。另外，最好建立一个自动化的健康检查，如此一来可以一直监测应用程序的运行状况，而且还可以监测延迟，这样可以确保所有端点都正常工作。

8.1.1 开始创建

本节将会了解如何为一个端点建立带延迟图表的健康检查。首先使用 AWS 控制台，然后使用 CloudFormation 代码块以完成同样的操作。

首先到 Route 53 AWS 控制台，单击左侧的 Health Checks 链接会看到所有健康检查列表，本例中现在是空的。

单击 Create Health Check 按钮会打开创建新检查的向导：

这其中的选项有些繁琐。需要输入健康检查点的 Domain name（域名）和 Path（路径）。本例中将检查 /test 端点。

> 我们的应用是无服务器应用，所以每个端点是独立工作的。创建一个健康检查并仅因为该端点是健康的就断定软件也是健康的，这并没有多大意义。需要为每个端点都建立检查，并使用之后的 Status of other health checks（calculated health check）创建聚合的健康检查。

在同一个界面上，可以看到 Advanced configuration（高级配置）部分，在这可以增加更多的配置。例如，可以设置更短的检查间隔（需要另外付费），增加字符串匹配检查，而且可以通过勾选复选框启用延时图表。本例中，仅仅启用 Latency graphs。不要禁用 SNI 支持，因为 CloudFront 使用 SNI。如果禁用了该项，健康检查将无法连接你的应用：

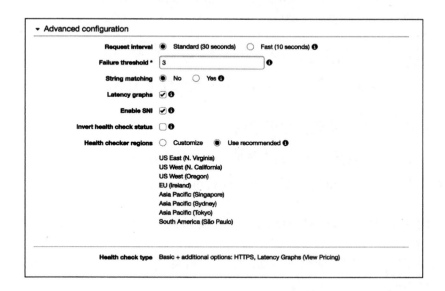

单击该界面的 Next 按钮，会被询问是否为该健康检查创建警报。警报是 AWS 当中非常强大的功能，当云平台上发生某个具体的事件时，它可以帮助采取应对行动。现在来设置一下，当健康检查发现问题时，让 AWS 给我们发送一封邮件。在这个步骤中，请为 Create alarm 选项选择 Yes。当其他选项出现时，勾选 New SNS topic，提供一个 Topic name（主题名称），并填写 Recipient email addresses（收件人邮件地址）字段。

该向导会在后台创建几个 AWS 资源，可以根据需要进行修改：

- 一个 SNS 主题
- 该主题的邮件类型订阅
- 一个 CloudWatch 警报，可以向该 SNS 主题发送 ALARM 和 OK 状态信息

8.1.2 配置电子邮件通知的健康检查

不一定要用邮件发送通知。如你所见，SNS 可以提供多种端点，如短信，甚至在健康检查失败时调用 Lambda 函数，这样你就可以执行自定义代码了。

警告配置完成后，单击 Create health check 按钮完成向导。

为确保指定的邮件地址能收到邮件信息，需要进入该收件箱，通过单击 AWS 发给你的邮件中的链接来确认订阅。

创建警告后，会发现实际上是失败的。为理解问题所在，可以单击警告，浏览 Health checkers 标签来查看根本原因：

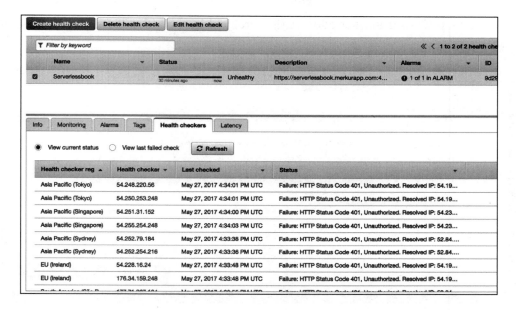

你会看到,健康检查之所以会失败是因为测试端点需要认证头信息,而健康检查并没有发送这个值。讽刺的是,这意味着端点认证运行正常,但是我们需要检查应用代码,因此移除这个端点的认证部分,使健康检查通过。

8.1.3 为健康检查开通短信通知

也可以为 SNS 主题添加短信通知,这样一来即便在没有访问互联网的时候也能收到警告信息。

在 SNS 控制台中找到刚刚创建的主题:

可以单击 Create subscription 按钮，Protocol 选择 SMS，并在 Endpoint 字段填写你的电话号码：

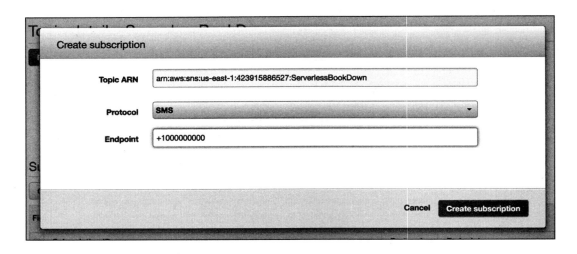

单击按钮创建订阅后，每个到达该主题的通知也会以短信方式发送到你的手机上。

8.1.4　使健康检查进入健康状态

为去掉 TestGetMethod 中的认证，使用 "AuthorizationType": "NONE" 替换 CloudFormation 模板中的如下内容：

```
"AuthorizationType": "CUSTOM",
"AuthorizerId": {
  "Ref": "ApiGatewayAuthorizer"
},
```

返回健康检查控制台，查看现在是否可以访问应用了。

过一会儿会发现，健康检查现在处于健康模式了，但是却没有收到任何信息。这是因为向导在设置 CloudWatch 警报时，仅在 ALARM 状态才发送警报。

8.1.5　掌握 CloudWatch 警报

在修复问题前有必要了解一下什么是 CloudWatch 警报。首先，CloudWatch 是

AWS 的一个中心服务，收集和聚合来自不同云服务的指标。使用 CloudWatch，可以监控很多种度量，例如 S3 云存储桶的对象数量，API 网关或 CloudFront 的 5xx 错误率，或 SQS 事件的待处理数量。

现在切换到 CloudWatch 控制台，单击 Metrics 链接，浏览已发布的指标。例如，在下面的截图中，可以看到 CloudFront 总请求数的分布情况：

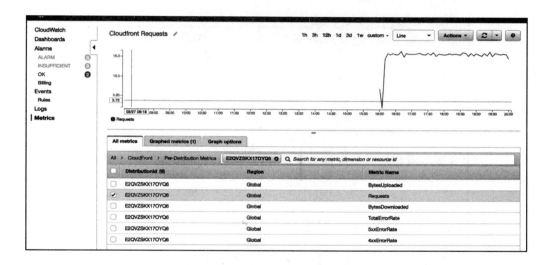

如上图所示，在设置 Route 53 健康状况检查后，请求数量显著增加。在设置之前，示例应用程序处于空闲状态，而现在有来自不同健康检查的请求流。

同样，可以看到 API 的错误率。这次不是查看请求情况，而是启用 4xxErrorRate 指标，你会看到以下这种类型的图表：

这是因为在第一次设置健康检查时，测试端点需要认证。解决该问题后，错误率大幅下降。

这个功能非常强大而且是开箱即用的。对于内部解决方案来说，可能需要安装日志解决方案，比如用来累积 log 的 Logstash，用来可视化浏览的 Kibana。然而，在 AWS 当中，上述的大部分功能是默认自带的，而且免费。

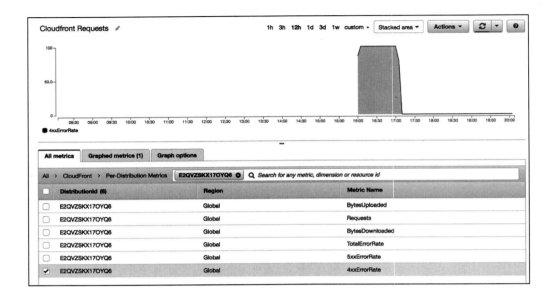

除了 AWS 服务发布的默认度量之外，你还可以发布自己的指标并利用 CloudWatch 的特性。

8.1.6　配置高级 CloudWatch 警报

CloudWatch 最强大的功能就是警报。警报是响应 CloudWatch 事件而执行的触发器。例如，可以设置当 CloudFront 分布的 TotalErrorRate 超过某个阈值时触发警报。

单击位于 Graphed metrics 标签页的 Create alarm 按钮（环形图标）可以轻松创建报警。现在请找到 CloudFount 上的 TotalErrorRate，选中它并切换到 Graphed metrics 标签，然后单击 Create alarm 按钮。会看到如下页面：

这里需要填写 Name 字段，在 Actions 部分，选择 ServerlessBookDown 主题。之后单击 + Notification 按钮，这次将 State is OK 选为 Whenever this alarm 的值，并对 SNS 主题做同样的操作。如何选择阈值是比较难处理的。比如，为 1 consecutive period（s）选择 >=5。意思是无论何时错误率 5 分钟内超过 5%，就会触发警报。你可以根据需要尝试这些值。

现在创建警报并恢复之前对 API 网关端点所做的修改，加上验证过程。5 分钟后，健康检查开始收到错误响应，可以在图上看到这些变化，同时警报被触发，你会收到短信。

你应该已经意识到了这个功能非常强大。使用 SNS 几乎可以触发任何事件，CloudWatch 警报也可以触发 SNS 主题。这意味着任何云事件的组合都可以。例如，可以写一个 Lambda 函数向你的团队成员发送 Slack 消息，并在应用程序中无数事件发生时调用该函数。而且不需要花费大力气来集成就可以拥有如此之棒的监测解决方案。

关于警报还有个小提示：当恢复健康状态后，健康检查不会向我们发送任何消息。因为对于该警报，State is OK 事件默认是没有配置的。你可以找到这个警报，为其加上这个通知规则，这样在不工作以及恢复工作时，都会收到通知。

8.2　使用 CloudFormation 完成

使用 CloudFormation 模板，同样可以轻松创建端点。将如下代码段添加到 CloudFormation 模板的 Resources 部分：

```
"TestEndpointHealthCheck": {
  "Type": "AWS::Route53::HealthCheck",
  "Properties": {
    "HealthCheckConfig": {
      "Port": "443",
      "Type": "HTTPS",
      "ResourcePath": "/test",
      "FullyQualifiedDomainName": {
        "Ref": "DomainName"
      },
      "RequestInterval": "30",
      "FailureThreshold": "3",
      "MeasureLatency": "true",

      "EnableSNI": "true"
    },
    "HealthCheckTags": [
      {
        "Key": "Name",
        "Value": "TestEndpoint"
      }
    ]
  }
}
```

该配置只创建健康检查，不会创建警报。为了得到与刚刚用 UI 实现的相同配置，首先需要创建一个 SNS 主题及其订阅，最后创建警报。

这里定义的主题仅仅包含一个邮件订阅：

```
"HealthChecksSnsTopic": {
  "Type": "AWS::SNS::Topic",
    "Properties": {
    "Subscription": [
      {
        "Endpoint": "info@example.com",
        "Protocol": "email"
```

```
      }
    ]
  }
}
```

如果想要在配置中添加短信通知，可以用 SMS 和电话号码替换 email 地址：

```
"HealthChecksAlarm": {
  "Type": "AWS::CloudWatch::Alarm",
  "Properties": {
    "ActionsEnabled": true,
    "AlarmDescription": "Alert when Health Check is down",
    "ComparisonOperator": "LessThanThreshold",
    "Dimensions": [
      {
        "Name": "HealthCheckId",
        "Value": {
          "Ref": "TestEndpointHealthCheck"
        }
      }
    ],
    "EvaluationPeriods": "3",
    "MetricName": "HealthCheckStatus",
    "Namespace": "AWS/Route53",
    "Period": "60",
    "Statistic": "Minimum",
    "Threshold": "1",
    "AlarmActions": [
      {
        "Ref": "HealthChecksSnsTopic"
      }
    ],
    "OKActions": [
      {
        "Ref": "HealthChecksSnsTopic"
      }
    ]
  }
}
```

这样，健康检查可以使用了。

现在为高错误率添加另一个警报：

```
"HighErrorRateAlarm": {
  "Type": "AWS::CloudWatch::Alarm",
  "Properties": {
    "ActionsEnabled": true,
    "AlarmDescription": "Alert when error rate is > 5%",
    "ComparisonOperator": "GreaterThanThreshold",
    "Dimensions": [
      {
        "Name": "Region",
```

```json
      "Value": "Global"
    },
    {
      "Name": "DistributionId",
      "Value": {
        "Ref": "CloudformationDistribution"
      }
    }
  ],
  "MetricName": "TotalErrorRate",
  "EvaluationPeriods": "1",
  "Namespace": "AWS/CloudFront",
  "Period": "300",
  "Statistic": "Average",
  "Threshold": "5",
  "AlarmActions": [
    {
      "Ref": "HealthChecksSnsTopic"
    }
  ],
  "OKActions": [
    {
      "Ref": "HealthChecksSnsTopic"
    }
  ]
}
```

该配置与健康检查报警几乎相同，只是更改了一些关键配置字段；例如 namespace 设置了 AWS/Cloudfront，将 Period 和 EvaluationPeriods 字段设置为累积平均 5 分钟即可触发警报。此外，更改了 Dimensions 和 MetricName 字段。其实这个配置并不是来自内存；我们可以检查 AWS 控制台创建的现有警报，很容易找到这些值。

8.3 根据应用程序日志创建 CloudWatch 监控指标

如前所述，Lambda 函数将日志事件保存到 CloudWatch。这样可以轻松地观察应用程序的状态，而且不必为此维护任何日志记录框架。这是一个很酷的功能。

如果你用过 Kibana 这样的日志解决方案，应该熟悉在其中保存搜索模式的工作方式，可以使用日志中模式的出现频率创建图表。而在 CloudWatch 日志中可以轻松拥有一些功能。此功能称为 Create Metric Filter（创建度量指标过滤器），它可以根据日志数据自动监测自定义模式，并将其作为指标推送到 CloudWatch。例如，使用该功能可以查看日志中包含了多少个 ERROR 字符串，可以通过 CloudWatch 图表来监视，甚至当应用程序错误率高的时候创建警报并采取相应措施。

要设置指标过滤器，可以单击 CloudWatch 控制台上的 Logs 链接。因为之前设置了 Route 53 运行状况检查而使得 TestLambda 被连续调用，可以看到属于 TestLambda 函数的日志组。现在可以单击它并浏览日志事件：

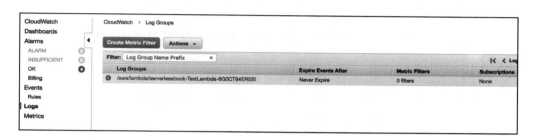

要创建指标过滤器，可以选择日志，然后单击 Create Metric Filter 按钮。在下一个界面上，会看到从日志文件中选出的一些事件，并要求输入过滤模式：

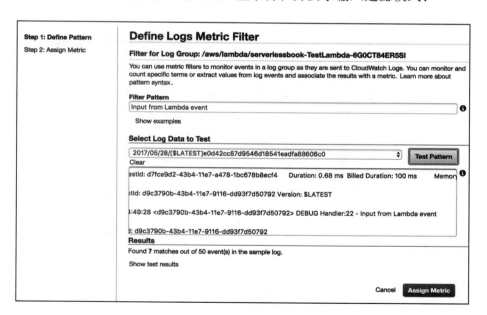

或许你还记得，我们曾在代码中写过一个日志指令，总是将 Input from Lambda event 这行文本写入日志中。从而使用该字符串查看该 Lambda 被调用了多少次。所以将 Input from Lambda event 写入到 Filter Pattern 输入框，并单击 Assign Metric 按钮，跳过下一步。

> 创建这样的过滤器只用来查看 Lambda 被调用了多少次没什么意义，因为默认情况下有这样的指标可以使用。此功能适用于应用程序事件，因此在应用程序中写入更多日志事件时，可以使用该事件创建指标。这些都看你的需要。

下一个界面要求输入 Filter Name、Metric Namespace 和 Metric Name 的值：

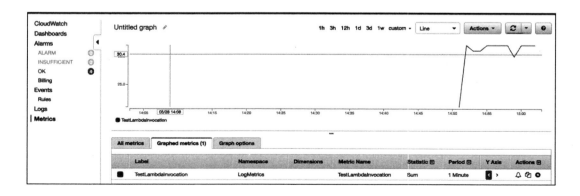

这些内容可以随便填写，只是要注意 namespace 值的选择，这样可以在一个地方看到你所有应用程序的日志指标。填写完这些值后，单击 Create Filter 按钮创建指标。

等待一会儿后，单击 Metrics 可以看到分析过的日志，结果打印在图表中：

记得，现在你可以创建一个警报，它能将事件发送到 SNS 主题，并从那调用另一个 Lambda 函数，将通知发送给不同媒介（邮件、短信，甚至将通知推送到移动设备）。这就是 AWS 的强大所在，有很多工具可以使用，如何将它们结合使用，取决于你。

8.4 在 VPC 中运行 Lambda 函数

VPC（虚拟私有云）是 AWS 的重要组成部分：你可以为账号创建专有网络，以精确地控制网络需求。创建多个子网，从这些子网中选择 IP 地址分配给你的 EC2 实例，并调整安全设置以允许或阻止来自特定子网的访问。

实际上，在开设 AWS 账号时，就已经有一个默认的 VPC 了。创建 EC2 实例时，你可以从默认的多个子网中选择一个子网，并为实例分配一个私有 IP 地址。当创建实例时，也可以给实例分配一个公有 IP，这样就可以从公共互联网访问你的实例了。但是在一个安全的环境中，应该只给实例分配一个私有 IP，阻止从公共互联网访问实例。这种情况下可以用以下几种方式访问这些资源：创建可以连接到你的 VPC 的 VPN 连接，或者创建一个有公共互联网接入的堡垒主机，这样就可以打开到该主机的 SSH 隧道，然后访问 VPC 中的其他主机。

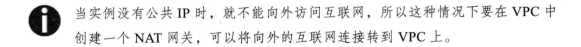

当实例没有公共 IP 时，就不能向外访问互联网，所以这种情况下要在 VPC 中创建一个 NAT 网关，可以将向外的互联网连接转到 VPC 上。

在 AWS 所在的企业环境中，大部分资源都被放在 VPC 中，因此网络级别的安全性得到了保证。VPC 保护资源的典型示例之一是 RDS（关系数据库服务）实例。

虽然可以选择将它们置于公共 IP 空间，但从安全角度来看，这并不是一个好想法，因为只要有认证信息和 RDS 实例的公共 IP 地址，任何人都可以访问公司的数据。因此，将 RDS 实例放置到 VPC 并且不为其分配公共 IP 是一种很好的做法。

在较大的组织中，最好将不同的应用程序放在不同的 AWS 账号中。将众多不同的服务更好地隔离，从人事组织角度看也是好的。以下是作者经历的一个例子：你在一家公司工作，有 10 个不同的团队提供不同的微服务，你负责构建一个无服务器应用程序来汇总这些服务的信息。每个团队使用不同的 AWS 账号操作，而他们的微服务拒绝公有 IP 访问，但他们会要求你提供一些特定的 IP 地址，而他们只能允许来自这些地址的连接。另一方面，由于 Lambda 的分布式特性，你不知道 Lambda 在连接到外部互联网时使用的是哪个 IP 地址。

直到 2016 年年初，VPC 支持 Lambda 之前，这种情况非常普遍，这是一个非常头疼的问题。幸运的是，现在可以在特定的 VPC 中运行 Lambda，并让它们从 VPC 中的指定子网中获取 IP 地址。为了解决上述问题，需要在 VPC 中创建一个 NAT 网关，以确保任何到外部网络的连接都通过这个网关，之后我们可以告诉其他团队的同事允许访问 NAT 网关的 IP 地址。这样 Lambda 函数就可以访问他们的服务了。

8.4.1 创建 VPC

本节将创建一个由两个私有子网和两个公有子网组成的 VPC。这两套子网将分布在应用程序工作地区的两个可用区域中。从 AWS 角度看，所有这些子网都是 IP 地址池而已。使得一个子网成为公共子网的关键在于路由规则，它能将流量路由到互联网网关。互联网网关也是一个 AWS 组件，它可以连接外部互联网和我们的 VPC。

接下来需要分别在两个公共子网上各安装一个 NAT 网关。而两个私有子网配有路由规则，能将向外的网络流量路由到 NAT 网关，这样 NAT 网关就可以确保私有子网与外部互联网之间是联通的了。另一方面，从外部互联网是不能访问私有子网中的资源的，这样可以确保这些资源的安全性。我们将创建两个固定 IP 使其在互联网上可用。将这些 IP 地址分配给 NAT 网关。当私有子网上的主机访问互联网资源时，这些流量会被视作来自那些固定 IP 地址。如果想让其他团队访问我们的程序，把这些固定 IP 地址给他们就可以了。

> NAT 网关是按小时和数据流量计费的。从创建之时就开始计费了，所以在不需要的时候，记得去掉它们。也可以只创建一个 NAT 网关，两个私有子网分享使用。这可能是一个比较省钱的解决方案。但是，如果该地区 NAT 网关出了故障，那应用程序就无法连接互联网了。这就是为什么创建两个 NAT 网关比较安全。

现在开始创建 VPC 配置。如果你没有网络知识，这部分看起来会有点复杂。如果不理解其中的术语，请参考 AWS VPC 文档。

为创建 VPC 配置，首先需要添加一个 VPC：

```
"VPC": {
  "Type": "AWS::EC2::VPC",
    "Properties": {
      "CidrBlock": "10.0.0.0/16",
      "Tags": [
        {
          "Key": "Name",
          "Value": {
            "Fn::Sub": "${AWS::StackName}: VPC"
          }
        }
      ]
    }
}
```

我们的 VPC 将在 10.0.0.0/16 IP 网段。由 CIDR 表示法所知，这个 IP 范围从 10.0.0.0 开始，到 10.0.255.255 结束，也就是该 VPC 下的子网是在这个范围内的。

8.4.2 添加私有子网

现在在该 VPC 下添加两个私有子网：

```
"PrivateSubnet1": {
  "Type": "AWS::EC2::Subnet",
    "Properties": {
      "VpcId": {
        "Ref": "VPC"
      },
      "CidrBlock": "10.0.1.0/24",
      "AvailabilityZone": {
        "Fn::Select": [ "0",
          {
```

```
          "Fn::GetAZs": {
            "Ref": "AWS::Region"
          }
        }
      ]
    },
    "Tags": [
      {
        "Key": "Name",
        "Value": {
          "Fn::Sub": "${AWS::StackName}: Private Subnet 1"
        }
      }
    ]
  }
},
"PrivateSubnet2": {
  "Type": "AWS::EC2::Subnet",
  "Properties": {
    "VpcId": {
      "Ref": "VPC"
    },
    "CidrBlock": "10.0.3.0/24",
    "AvailabilityZone": {
      "Fn::Select": [
        "1",
        {
          "Fn::GetAZs": {
            "Ref": "AWS::Region"
          }
        }
      ]
    },
    "Tags": [
      {
        "Key": "Name",
        "Value": {
          "Fn::Sub": "${AWS::StackName}: Private Subnet 2"
        }
      }
    ]
  }
}
```

这里我们告诉 VPC 去创建子网。第一个子网的 CIDR 网段从 10.0.1.0 开始到 10.0.1.255 结束。第二个子网网段从 10.0.3.0 到 10.0.3.255。每个子网有 256 个可用的 IP 地址。

注意 Fn::GetAZs 方法的使用。对于这两个子网,得到的都是所在地区的前两个可用区域,这样就将 IP 池分布到两个不同的可用区域。

可用区域是物理区域,但它们为每个账号匹配独立的标识符。例如,你的可用区域 us-east-1a 可能和另一个账号的 us-east-1a 所在地域是不同的。所以对于每个账号来说,第一个和第二个可用区域会是不同的。这里只创建了两个子网,因为每个地区至少有两个可用区域。如果你能确定安装所在地区有多于两个的可用区域,就可以增加子网数量。

有了这个配置,可以确保 Lambda 函数在 VPC 中运行时会自动获得这些 IP 地址。另一方面,需要记住的是,这里有一个重要的限制:可用的 IP 地址数是 512(每个可用区有 256 个)。Lambda 最大执行数也限制为 512。要增加此数字,必须调整子网,以便它们具有足够的 IP 地址用于并行执行。

建立私有子网后,还需要创建公共子网。虽然 Lambda 函数在私有子网中,但 NAT 网关将放置在公共子网中。公共子网也被路由到互联网,所以你放置在公共子网中的任何资源也可以具有互联网 IP 地址,从而访问外部互联网。而且,它们也可以连接到同一 VPC 中的任何子网。这意味着,将 NAT 网关放入公共网关,可以同时访问互联网和 Lambda 函数。这就是为什么 NAT 网关能够充当 NAT 设备,为 Lambda 函数提供互联网连接的同时,外部互联网无法访问 Lambda 函数。

现在开始创建公共子网。实际上它们的配置与私有子网相同,但是它们路由到互联网网关,而正是这一点使得它们成为公共子网。首先来创建公共子网,然后看看如何将其连入互联网:

```
"PublicSubnet1": {
  "Type": "AWS::EC2::Subnet",
  "Properties": {
    "VpcId": {
      "Ref": "VPC"
    },
    "CidrBlock": "10.0.0.0/24",
    "AvailabilityZone": {
      "Fn::Select": [
        "0",
        {
          "Fn::GetAZs": {
            "Ref": "AWS::Region"
          }
        }
```

```
      ]
    },
    "Tags": [
      {
        "Key": "Name",
        "Value": {
          "Fn::Sub": "${AWS::StackName}: Public Subnet 1"
        }
      }
    ]
  }
},
"PublicSubnet2": {
  "Type": "AWS::EC2::Subnet",
  "Properties": {
    "VpcId": {
      "Ref": "VPC"
    },
    "CidrBlock": "10.0.2.0/24",
    "AvailabilityZone": {
      "Fn::Select": [
        "1",
        {
          "Fn::GetAZs": {
            "Ref": "AWS::Region"
          }
        }
      ]
    },
    "Tags": [
      {
        "Key": "Name",
        "Value": {
          "Fn::Sub": "${AWS::StackName}: Public Subnet 2 "
        }
      }
    ]
  }
}
```

在处理公有子网之前，为私有子网创建两个路由表，并将它们与私有子网相关联：

```
"PrivateRouteTable1": {
  "Type": "AWS::EC2::RouteTable",
  "Properties": {
    "VpcId": {
      "Ref": "VPC"
    },
    "Tags": [
      {
        "Key": "Name",
        "Value": {
```

```json
          "Fn::Sub": "${AWS::StackName}: Route Table for Private Subnet 1 "
        }
      }
    ]
  }
},
"PrivateRouteTable2": {
  "Type": "AWS::EC2::RouteTable",
  "Properties": {
    "VpcId": {
      "Ref": "VPC"
    },
    "Tags": [
      {
        "Key": "Name",
        "Value": {
          "Fn::Sub": "${AWS::StackName}: Route Table for Private Subnet 2"
        }
      }
    ]
  }
},
"PrivateSubnetRouteTableAssociation1": {
  "Type": "AWS::EC2::SubnetRouteTableAssociation",
  "Properties": {
    "SubnetId": {
      "Ref": "PrivateSubnet1"
    },
    "RouteTableId": {
      "Ref": "PrivateRouteTable1"
    }
  }
},
"PrivateSubnetRouteTableAssociation2": {
  "Type": "AWS::EC2::SubnetRouteTableAssociation",
  "Properties": {
    "SubnetId": {
      "Ref": "PrivateSubnet2"
    },
    "RouteTableId": {
      "Ref": "PrivateRouteTable2"
    }
  }
}
```

这里的语法并不是很复杂。路由表是用于路由子网的规则表。当我们创建 NAT 网关时，将为这些表添加规则，因此从这些子网发出的任何传出流量都将路由到 NAT 网关。

同样，我们为两个公有子网创建一个路由表，并以相同的方式将子网与其关联：

```json
"PublicRouteTable": {
  "Type": "AWS::EC2::RouteTable",
  "Properties": {
    "VpcId": {
      "Ref": "VPC"
    },
    "Tags": [
      {
        "Key": "Name",
        "Value": {
          "Fn::Sub": "${AWS::StackName}: Route Table for Public Subnet"
        }
      }
    ]
  }
},
"PublicSubnetRouteTableAssociation1": {
  "Type": "AWS::EC2::SubnetRouteTableAssociation",
  "Properties": {
    "SubnetId": {
      "Ref": "PublicSubnet1"
    },
    "RouteTableId": {
      "Ref": "PublicRouteTable"
    }
  }
},
"PublicSubnetRouteTableAssociation2": {
  "Type": "AWS::EC2::SubnetRouteTableAssociation",
  "Properties": {
    "SubnetId": {
      "Ref": "PublicSubnet2"
    },
    "RouteTableId": {
      "Ref": "PublicRouteTable"
    }
  }
},
```

这里不需要两个路由表，因为在这个表中，只有一个规则，即将传出流量路由到互联网网关。

VPC 中的端口流量通过访问控制列表（ACL）进行控制。使用 ACL，可以将网络流量限制在较低的级别，而无需处理安全组。在本例中，我们将打开所有端口的所有流量。

现在创建一个 ACL，并将其与公有子网相关联：

```json
"PublicNetworkAcl": {
  "Type": "AWS::EC2::NetworkAcl",
  "Properties": {
    "VpcId": {
      "Ref": "VPC"
    },
    "Tags": [
      {
        "Key": "Name",
        "Value": {
          "Fn::Sub": "${AWS::StackName}: Public Network ACL"
        }
      }
    ]
  }
},
"PublicSubnetNetworkAclAssociation1": {
  "Type": "AWS::EC2::SubnetNetworkAclAssociation",
  "Properties": {
    "SubnetId": {
      "Ref": "PublicSubnet1"
    },
    "NetworkAclId": {
      "Ref": "PublicNetworkAcl"
    }
  }
},
"PublicSubnetNetworkAclAssociation2": {
  "Type": "AWS::EC2::SubnetNetworkAclAssociation",
  "Properties": {
    "SubnetId": {
      "Ref": "PublicSubnet2"
    },
    "NetworkAclId": {
      "Ref": "PublicNetworkAcl"
    }
  }
}
```

8.4.3 处理出入流量

一旦创建了 ACL 并将其与公有子网相关联，就可以允许所有出入流量了：

```json
"OutboundPublicNetworkAclEntry": {
  "Type": "AWS::EC2::NetworkAclEntry",
  "Properties": {
    "NetworkAclId": {
      "Ref": "PublicNetworkAcl"
    },
    "RuleNumber": "100",
    "Protocol": "6",
    "RuleAction": "allow",
```

```
          "Egress": "true",
          "CidrBlock": "0.0.0.0/0",
          "PortRange": {
            "From": "0",
            "To": "65535"
          }
        }
      },
      "InboundPublicNetworkAclEntry": {
        "Type": "AWS::EC2::NetworkAclEntry",
        "Properties": {
          "NetworkAclId": {
            "Ref": "PublicNetworkAcl"
          },
          "RuleNumber": "100",
          "Protocol": "6",
          "RuleAction": "allow",
          "Egress": "false",
          "CidrBlock": "0.0.0.0/0",
          "PortRange": {
            "From": "0",
            "To": "65535"
          }
        }
      },
```

有关该资源语法的更多信息，请参考 http://docs.aws.amazon.com/AWSCloudFormation/latest/UserGuide/aws-resource-ec2-network-acl-entry.html。特别是对于 Protocol 属性，你可能需要确认文档中的内容。需要说明的是，6 在这里意味着 TCP 流量，其定义参考如下链接内容：http://www.iana.org/assignments/protocol-numbers/protocol-numbers.xhtml。或者，可以使用 –1 代表所有协议。

> 与安全组不同，在 VPC 中，ACL 是无状态的。安全组是有状态的。如果为安全组添加端口 80 的入站规则，出站流量默认是允许的，这意味着不需要明确添加该端口的出站规则。但是对于 ACL，需要提供明确的入站和出站规则。这就是我们也定义了一个入站规则的原因。

现在创建一个互联网网关，并将所有从公有子网出去的流量都路由到该互联网网关：

```
      "InternetGateway": {
        "Type": "AWS::EC2::InternetGateway",
        "Properties": {
```

```json
    "Tags": [
      {
        "Key": "Name",
        "Value": {
          "Fn::Sub": "${AWS::StackName}: Internet Gateway"
        }
      }
    ]
  }
},
"GatewayToInternet": {
  "Type": "AWS::EC2::VPCGatewayAttachment",
  "Properties": {
    "VpcId": {
      "Ref": "VPC"
    },
    "InternetGatewayId": {
      "Ref": "InternetGateway"
    }
  }
},
"PublicRoute": {
  "Type": "AWS::EC2::Route",
  "DependsOn": "GatewayToInternet",
  "Properties": {
    "RouteTableId": {
      "Ref": "PublicRouteTable"
    },
    "DestinationCidrBlock": "0.0.0.0/0",
    "GatewayId": {
      "Ref": "InternetGateway"
    }
  }
}
```

刚刚所做的工作，已确保任何有公有子网 IP 的设备都可以访问互联网，因为所有流量都被路由到互联网网关。现在创建固定 IP 地址（互联网可访问的 IP）并创建 NAT 网关。我们将固定 IP 与 NAT 网关连接起来，然后创建一个路由规则，将所有私有子网路由到 NAT 网关。请注意，第一个私有子网将被路由到第一个 NAT 网关，第二个私有子网将被路由到第二个 NAT 网关：

```json
"EIP1": {
  "Type": "AWS::EC2::EIP",
  "Properties": {
    "Domain": "vpc"
  }
},
"NAT1": {
  "DependsOn": "GatewayToInternet",
  "Type": "AWS::EC2::NatGateway",
```

```json
      "Properties": {
        "AllocationId": {
          "Fn::GetAtt": [
            "EIP1",
            "AllocationId"
          ]
        },
        "SubnetId": {
          "Ref": "PublicSubnet1"
        }
      }
    },
    "Nat1Route": {
      "Type": "AWS::EC2::Route",
      "Properties": {
        "RouteTableId": {
          "Ref": "PrivateRouteTable1"
        },
        "DestinationCidrBlock": "0.0.0.0/0",
        "NatGatewayId": {
          "Ref": "NAT1"
        }
      }
    }
```

现在以类似的方式创建第二个 NAT 网关：

```json
    "Nat2Route": {
      "Type": "AWS::EC2::Route",
      "Properties": {
        "RouteTableId": {
          "Ref": "PrivateRouteTable2"
        },
        "DestinationCidrBlock": "0.0.0.0/0",
        "NatGatewayId": {
          "Ref": "NAT2"
        }
      }
    },
    "EIP2": {
      "Type": "AWS::EC2::EIP",
      "Properties": {
        "Domain": "vpc"
      }
    },
    "NAT2": {
      "DependsOn": "GatewayToInternet",
      "Type": "AWS::EC2::NatGateway",
      "Properties": {
        "AllocationId": {
          "Fn::GetAtt": [
            "EIP2",
            "AllocationId"
```

```
        ]
    },
    "SubnetId": {
        "Ref": "PublicSubnet2"
    }
  }
},
"EIP2": {
    "Type": "AWS::EC2::EIP",
    "Properties": {
        "Domain": "vpc"
    }
},
"Nat1Route": {
    "Type": "AWS::EC2::Route",
    "Properties": {
        "RouteTableId": {
            "Ref": "PrivateRouteTable1"
        },
        "DestinationCidrBlock": "0.0.0.0/0",
        "NatGatewayId": {
            "Ref": "NAT1"
        }
    }
}
```

当部署这些的时候，会为你创建 VPC 及其他。

8.4.4 创建安全组

继续做 Lambda 函数的 VPC 配置之前，还需要创建一个安全组。与网络 ACL 相似，安全组是分配给资源的逻辑安全组，可以允许或拒绝出入流量。与 ACL 相反，将安全组分配给资源，而不是子网。对于 Lamba 函数，无需指定任何传入流量规则，因为它们不能接受传入的流量。但是，需要指定一个允许所有流量输出的外出流量规则。将以下资源添加到你的模板：

```
"LambdaSecurityGroup": {
    "Type": "AWS::EC2::SecurityGroup",
    "Properties": {
        "GroupDescription": "Security Group for Lambda Functions",
        "VpcId": {
            "Ref": "VPC"
        },
        "SecurityGroupIngress": [
        ],
        "SecurityGroupEgress": [
            {
                "IpProtocol": "-1",
                "FromPort": "0",
```

```
      "ToPort": "65535",
      "CidrIp": "0.0.0.0/0"
     }
   ]
  }
}
```

为每个 Lambda 函数添加安全组配置后，将如下配置添加到 Properties 字段：

```
"VpcConfig": {
  "SecurityGroupIds": [
   {
     "Ref": "LambdaSecurityGroup"
   }
  ],
  "SubnetIds": [
   {
     "Ref": "PrivateSubnet1"
   },
   {
     "Ref": "PrivateSubnet2"
   }
  ]
}
```

通过这个配置告知 AWS 运行某一指定子网中的 Lambda 函数，并将指定安全组应用到其网络配置中。

完成部署栈后，应用程序还如预期那样运行，只是有一点不同：向外的互联网访问请求都经过 NAT 网关。也许你不曾意识到，实际上我们的应用程序需要大量使用向外的互联网连接，因为 DynamoDB 和 CloudSearch API 在公共互联网上，所以如果没有 NAT 网关和 VPC 配置，应用程序会中断。

现在可以尝试注册一个用户，然后删除 NAT 网关，或 Nat1Route 和 Nat2Route 资源，并确保当删除路由时，你的应用程序无法正常工作，因为它无法连接到 AWS API。

现在，可以到 AWS 控制台的 VPC 页面，单击 NAT Gateways，然后查看 NAT 网关的固定 IP 地址：

你可以告诉同事这些 IP 地址就是需要允许访问的 IP 地址。现在 Lambda 函数可以访问防火墙保护的资源了，别人则无法访问。

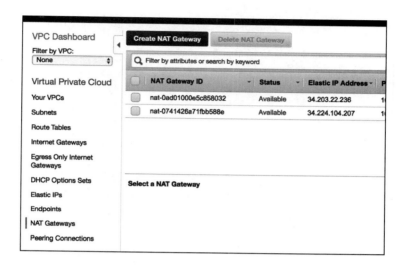

8.5 总结

本章中，我们提到了如何监测无服务器应用程序并确保其安全性。尤其是 VPC 是一个非常复杂的话题，但是当你要在企业域中构建无服务器软件时，这一步是非常重要的。

这是本书的最后一章，我们一起完成了这个漫长的旅程，恭喜！希望你喜欢，希望现在你可以编写自己的无服务器软件，而不用担心基础架构需求了。

我们也知道，本书不能涵盖所有想要的东西，因为 AWS 是一个如此巨大的领域，我们只想尽可能地去涵盖。希望我们能鼓励你做更多的探索，并以更有创意的方式解决自己的问题。

Lambda 框架

到目前为止,我们构建了专门用于 Lambda 函数的应用程序。然而,很多时候,已经有一些应用程序是构建并运行在内部基础架构上的,我们想尝试一下无服务器架构,或者希望构建自己未知的软件基础架构,当有这些需求时,想要以最少的代码改动切换回自己的基础架构。

了解 Lambda 框架

Lambda 框架就是为这种用途而创建的。通过实现最常见的 JAX-RS 注释并提供 Maven 插件轻松部署到 AWS 云,Lambda 框架实现了该目标。简而言之,JAX-RS 是 J2EE 标准注释的集合,可用于将常规 Java 方法映射到 HTTP 路径和方法。举例见如下方法:

```
@GET
@Path("/helloworld/{id}")
public Response indexEndpoint(@PathParam int id) {
  return Response.status(200).entity("Hello world: " + id).build();
}
```

这是一个用 @GET 和 @Path 注释标记的非常简洁的方法,意味着当 GET 请求以 /helloworld/{id} 格式到达 URL 时,这个方法会被调用,id 作为参数。最后该方法返回一个带有 200 响应代码及文本内容的 Response 对象。如你所见，这些注释提供了一种无缝的方式来定义 REST API，并将不同的资源映射到 Java 方法。

JAX-RS 注释本身并不自带这些功能。为了使这些注释起作用，需要在项目中添加一个 JAX-RS 实现框架。该框架将扫描项目中的所有 JAX-RS 注释，并创建一个服务器和路由表以正确响应 HTTP 请求。而 Jersey 就是一个这样的参考实现，也是最流行的一个，当然 JAX-RS 也有其他的实现，比如 RESTEasy 和 Apache CXF。可以任选其一，而你的 controller 方法会始终保持不变，这都要归功于标准化的注释。

Lambda 框架也是一个 JAX-RS 实现，但与其他实现不同的是：它并不运行 Web 服务器，而是在构建（build）时扫描 JAX-RS 注释，并使用它们产生 Lambda 函数和 API 网关定义。这意味着如果已经使用 JAX-RS 注释标记了 controller 方法，并使用了 Jersey 或 RestEasy 等框架，则只需在代码中进行少量修改即可轻松切换到无服务器体系结构。只需更构建机制，使用 Lambda 框架替换原来首选的实践。

想要使用 Lambda 框架，可以克隆 Lambda Framework 本身提供的样例项目。可以使用以下命令做克隆：

```
$ git clone https://github.com/lambadaframework/
  lambadaframework-boilerplate
```

看一下项目中的 ExampleController 类：

```java
@Path("/")
public class ExampleController {

  static final Logger logger = Logger.getLogger(ExampleController.class);
  static class Entity {
    public int id = 1;
    public String name;

    public Entity(String name) {
       this.name = name;
    }
  }

  @GET
  public Response indexEndpoint(
  ) {
    logger.debug("Request got");
    return Response.status(200)
    .entity(new Entity("John doe"))
```

```java
      .build();
  }

  @GET
  @Path("/{name}")
  public Response exampleEndpoint(
    @PathParam("name") String name
  ) {
    logger.debug("Request got");
    return Response.status(201)
      .entity(new Entity(name))
      .build();
  }

  @GET
  @Path("/resource/{name}")
  public Response exampleSecondEndpoint(
    @PathParam("name") String name
  ) {
    logger.debug("Request got");
    return Response.status(201)
      .entity(new Entity(name))
      .build();
  }

  public static class NewEntityRequest {
    public String name;
  }

  /**
   * This controller uses automatically serialization of Request body to
any POJO
   * @param requestEntity Request Entity
   * @return Response
   */
  @POST
  @Consumes(MediaType.APPLICATION_JSON)
  @Path("/resource")
  public Response exampleSecondEndpointPost(
    NewEntityRequest requestEntity
  ) {
    logger.debug("Request got");
    return Response.status(201)
      .entity(new Entity(requestEntity.name))
      .build();
  }
}
```

这里提供了一些使用 JAX-RS 注释做了标注的 controller 方法。如果添加一个 JAX-RS 库（如 Jersey）到项目中，这个类将创建几个 REST 端点。例如，/production/cagatay 路径将返回以下 JSON 内容：

```
{
  id: 1,
  name: "cagatay"
}
```

这就是 Lambda 框架的工作方式。如果查看 Maven 的 pom.xml 文件（是的，很不幸 Lambda 使用的是 Maven），在项目中有一个注入的依赖项：org.lambadaframework.runtime。这个包有一个 JAX-RS 注释处理器，并且会在最终的 JAR 包中创建一个 Lambda 处理程序（handler）。

要使用 Lambda 部署项目，只需编辑 pom.xml 文件中的一个变量，即 deployment.package。需要在那里为项目编写一个独一无二的名称，因为从前面的章节可知，S3 云存储桶应该是全球唯一的。

准备就绪后，运行 mvn deploy 命令。该命令编译项目，生成一个包含代码和 Lambda 运行时例程的 JAR 文件，并上传到 S3 云存储桶。接着，Lambda 框架的 Maven 插件开始工作，创建 Lambda 函数。之后，它会扫描项目并确定 JAX-RS 资源。API 网关资源和方法是使用 JAX-RS 注释中定义的规范创建的。

部署完成后，你的 API 的公用 URL 会在屏幕上显示。Lambda 框架的 GitHub 页面（https://github.com/lambadaframework/lambadaframework）还会显示一些配置的值。

总结

Lambda 框架适用于轻松迁移现有的 REST API，并且还可以快速构建原型。如果你有这方面的应用场景，会受益匪浅。另一方面，正如在本书中所看到的那样，有无数的模式和配置值可以用于 Lambda，也许一个好的做法是保持简单的控制器层，与业务逻辑分离，并构建自定义的 Lambda 处理程序和 Lambda 函数。

推荐阅读

架构即未来：现代企业可扩展的Web架构、流程和组织（原书第2版）

作者：马丁 L. 阿伯特 等 ISBN：978-7-111-53264-4 定价：99.00元

互联网技术管理与架构设计的"孙子兵法"

跨越横亘在当代商业增长和企业IT系统架构之间的鸿沟

有胆识的商业高层人士必读经典

李大学、余晨、唐毅 亲笔作序 涂子沛、段念、唐彬等 联合力荐

任何一个持续成长的公司最终都需要解决系统、组织和流程的扩展性问题。本书汇聚了作者从eBay、VISA、Salesforce.com到Apple超过30年的丰富经验，全面阐释了经过验证的信息技术扩展方法，对所需要掌握的产品和服务的平滑扩展做了详尽的论述，并在第1版的基础上更新了扩展的策略、技术和案例。

针对技术和非技术的决策者，马丁·阿伯特和迈克尔·费舍尔详尽地介绍了影响扩展性的各个方面，包括架构、过程、组织和技术。通过阅读本书，你可以学习到以最大化敏捷性和扩展性来优化组织机构的新策略，以及对云计算（IaaS/PaaS）、NoSQL、DevOps和业务指标等的新见解。而且利用其中的工具和建议，你可以系统化地清除扩展性道路上的障碍，在技术和业务上取得前所未有的成功。

推荐阅读

AWS Lambda实战：开发事件驱动的无服务器应用程序

书号：978-7-111-57994-6　作者：Danilo Poccia　定价：79.00元

AWS Lambda工具创建者权威力作，以案例驱动，从零到一实现Serverless架构
国内第一本AWS Lambda实战手册，面向云计算创建分布式系统的最佳指南

本书以实例为驱动，教会读者如何使用事件驱动的方法来开发后端应用程序。全书分为四部分。第一部分（第1~3章）介绍了基础技术，比如AWS Lambda和Web API。第二部分（第4~12章）是本书的核心，讲解了事件驱动应用的构建方法，让你可以用事件串联多个函数，构建新的应用。第三部分（第13~15章）主要关注从开发到生产，帮助你优化DevOps流程。第四部分（第16章和第17章）介绍了如何把Lambda函数与AWS平台以外的服务整合起来，用AWS Lambda改进沟通方式，自动完成代码管理。

本书的目标读者是那些没有云技术经验，同时希望了解无服务器计算和事件驱动应用前沿技术的开发人员。如果你已经对Amazon EC2和Amazon VPC这类AWS服务有所了解，本书将为你开辟一个新的认知视角，帮助你用服务而非服务器的角度构建应用程序。